計算力を強くする　完全版

視点を変えれば、解き方が「見える」

鍵本聡　著

ブルーバックス

本書は2005年8月に小社より刊行した『計算力を強くする』と，2006年12月に刊行した『計算力を強くする part 2』を再構成した上で，一部の項目を新たに加えたものです。

装幀／五十嵐徹（芦澤泰偉事務所）
カバー・本文イラスト／ムロフシカエ
本文図版／さくら工芸社
本文・目次デザイン／齋藤ひさの

はじめに

みなさんは計算力を強くしたいと思ったことはありませんか？

友達や同僚と食事に行って割り勘で払おうとしたとき，買い物に行って1万円札を出しておつりをもらうとき，時刻表を見ながら予算内で旅行の行き先を決めるとき等々，羅列した数字を見ながら，答えがすぐに頭の中に浮かび上がれば，どんなに素晴らしいことでしょう！

私は高校教師，予備校講師として，あるいは塾講師，大学講師と，色々場所を変えながら30年以上教壇に立ち続けてきました。そんなときに多くの学生のみなさんが，あるいは保護者の方が，いつも私に聞いてくるのです。

「どうしたら計算力は強くなるのでしょうか？」
「計算は生まれたときから得意な人と苦手な人がいるのでしょうか？」
「自分の子供を計算で悩ませたくない。どうやって育てればいいのでしょうか？」

そのまなざしはとても切実で，そんな悩みを聞くたびに，こうした質問に現在の教育は答えられていないのかな，と考えたりします。拙著『計算力を強くする』（ブルーバックス・2005年）を今から20年ほど前に書こうと思ったのも，実はそんなことがきっかけでした。

ところで，計算力を強くする際に最も大切なものは何でしょう？　生まれ持った才能でしょうか？　いいえ，違います。もちろん才能もあるのかもしれませんが，それより重要なことは「勉強したい！」という気持ち（ハート）です。どんな勉強でも，気持ちを持って勉強すれば遅かれ早かれ必ず実力がついていきます。逆に，嫌々勉強しても絶対に身につきません。それほど勉強において「熱い気持ち」が重要なのです。

では「熱い気持ちがないんだけど，どうすればいいの？」という方にまずやってほしいことは，簡単な問題を解けたときに「やった！」と思うことです。簡単なことなんですが，まずは声に出して「よし」と言ってみてもいいかもしれません。ともかく本書は，ゲームをする感覚で，楽しんで読み進めてほしいと思います。

そして，「計算ができるようになりたい！」という気持ちが芽生えたら，あとはスラスラ解決するはずです。繰り返しになりますが，「どうせ計算なんて電卓かスマホアプリが全部やってくれるし，なんでこんなこと勉強しないといけないんだろう」などと，心の底で思いながら本書を読んでも，おそらく内容が素通りしていくだけなのです。

「計算力」とは，スポーツでたとえると「走ること」のようなものです。どんなに戦術に長けていても，どんなに素晴らしいキックやグラブさばきの技術を持っていても，走ることが苦手な選手はハンディキャップを背負うことになります。同じように仕事でも勉強でも，計算力がないことはかなりのハンディキャップを背負っていることになるのです。

ですから，計算力を強くすることは，すべての勉強の基礎体力だとも言えます。

本書は計算力を磨くさまざまなコツがつまった拙著『計算力を強くする』（ブルーバックス・2005年），『計算力を強くする part 2』（ブルーバックス・2006年）を再構成した上で，新規の計算トピックも盛り込んだ「完全版」となっています。

いま計算が苦手な人も，じっくりでいいので，本書の練習問題を確実にこなしていけば，きっと多くの場面で実力を発揮することができるはずです。さっそく，少しずつ計算力を強くするトレーニングをしていきましょう！

計算力を強くする　完全版　◉　もくじ

第2章 足し算はかけ算の応用　83

9 + 8 2 ÷ 5 4

第 5 章
計算間違いをなくす　205

プロローグ――あなたの計算力をチェック

まず本論に入る前に，あなたの計算力をチェックしてみましょう。

これから出題する計算問題を暗算で解いてください。答えはどこかに書き留めておいてください。すべての問題を解き終わったら【解答】（14ページ）で答え合わせをしてみましょう。

各問題ごとに制限時間が設けてありますが，厳密に時間を計る必要はありません。ただし，制限時間を大幅に上回った場合，あるいは暗算で解けそうにない場合は，×とカウントしてください。例えば「制限時間10秒」と書いてある問題で12秒ぐらいかかるのは問題ないのですが，30秒かかるのは，その問題に関して計算力を見直す必要があるということです。

また【解答】には，各問題ごとに本文の解説参照ページを掲載してあります。できなかった問題の解法を本文で確認して，計算力を磨く上での参考にしてください。自分の弱点を知ることから，計算力アップの特訓は始まります。

それではさっそく，計算力をチェックしてみましょう！

診　断

【診断1】
次の計算をしてください。（制限時間3秒）
$16 \times 35 = ?$

【診断2】
次の計算をしてください。答えは小数で。
（制限時間5秒）
$483 \div 5 = ?$

【診断3】
次の計算をしてください。（制限時間5秒）
$15 \times 28 = ?$

【診断4】
次の計算をしてください。（制限時間5秒）
$27 \times 15 = ?$

【診断5】
次の計算をしてください。（制限時間5秒）
$32 \times 28 = ?$

【診断6】
次の計算をしてください。（制限時間5秒）
$98 \times 98 = ?$

【診断7】
次の計算をしてください。（制限時間5秒）

$125 \times 36 = ?$

【診断8】
次の計算をしてください。（制限時間5秒）

$24 \times 0.75 = ?$

【診断9】
次の計算をしてください。（制限時間10秒）

$43 + 42 + 47 + 48 + 42 = ?$

【診断10】
次の計算をしてください。（制限時間10秒）

$41 + 44 + 47 + 50 + 53 + 56 + 59 = ?$

【診断11】
次の計算をしてください。（制限時間10秒）

$48 + 25 + 48 + 24 + 36 = ?$

【診断12】
次の計算をしてください。（制限時間15秒）

$$\frac{1}{3} + \frac{3}{5} + \frac{5}{12} + \frac{3}{20} = ?$$

【診断13】

次の計算をしてください。（制限時間５秒）

10000 − 1384 ＝？

【診断14】

次の計算をしてください。（制限時間５秒）

256 − 188 ＝？

【診断15】

次の計算をしてください。（制限時間５秒）

1000 − 238 × 4 ＝？

解答はp14

解　答

【診断1】560	21ページ参照
【診断2】96.6	23ページ参照
【診断3】420	30ページ参照
【診断4】405	33ページ参照
【診断5】896	37ページ参照
【診断6】9604	43ページ参照
【診断7】4500	52ページ参照
【診断8】18	60ページ参照
【診断9】222	85ページ参照
【診断10】350	88ページ参照
【診断11】181	99ページ参照
【診断12】$\frac{3}{2}$	111ページ参照
【診断13】8616	116ページ参照
【診断14】68	119ページ参照
【診断15】48	123ページ参照

いかがでしたか？　別に試験とかではありませんので，点数をつけたり「あなたの計算力は○○です」などという判定結果を出したりするものでもありませんので，ご安心ください。

苦戦された方もたくさんいると思いますし，ほとんどの問題を制限時間内に答えられた方もいらっしゃるでしょう。苦戦された読者のみなさんは，本書の例題と練習問題を何度も解く練習をすれば，これらの問題を簡単に解けるようになるはずです。また問題によっては，制限時間内に解けたみなさんも，本書の練習問題に挑戦していただくことで，脳を活性化させ，頭の体操になるはずです。

受験生にとっては勉強前の準備体操にいいでしょう。また，受験科目に数学や理科があって，このような計算が苦手な人は，本書の練習問題を繰り返すことで単純な計算間違いをなくし，集中力も身につき，受験に大いに役立つはずです。ゆっくりと計算練習を重ねてみてください。

ここで，もしかすると気がつかれた方もいらっしゃるかもしれません。問題の順番が普通なら足し算→かけ算と来そうなものなのに，ここではかけ算→足し算の順番になっています。初めて算数を習う人は，おそらく足し算から始めて，その拡張としてかけ算を教わることが多いと思います。ですが，足し算もかけ算もすでに習っている人の立場で考えると，「かけ算が足し算の基本だ」と言うことができるのです。というのも，まずかけ算をみっちりやることで，複雑な足し算を，簡単なかけ算の式に変形することができるようになるからです。そこで本書の大きな流れとしては，かけ算を先に説明した後，足し算に移ります。

ではさっそく，本文に入っていきましょう！

第1章 かけ算は計算力の基本

「暗記力」と「計算視力」

読者のみなさんは次の式をすぐに計算できますか？

$55 \times 22 =$ 　　（制限時間5秒）

このような計算を速く，しかも間違えずに実行するためのキーワードが「暗記力」と「計算視力」です。

この2つを訓練することで，計算力は飛躍的に高まります。本章では，例題と練習問題を通して「暗記力」と「計算視力」とは何か，を解説していきます。本章を読み終わるころには $55 \times 22 = 1210$ という計算が，5秒以内にできるようになるはずです。

まず「暗記力」について考えてみましょう。例えば次の計算式をご覧ください。

$8 \times 8 =$

$18 \times 8 =$

みなさんはどうやってかけ算をするのでしょうか？　8×8 のように1桁×1桁なら九九をそのまま使えば暗算で答えが得られますが，18×8 のように，かける数のどちらか一方でも2桁以上なら筆算，というのが一般的ではないでしょうか？　もちろんそろばんを習っている人は，筆算のかわりに頭の中にそろばんの珠が思い浮かぶのかもしれませんが……。

答えをそのまま覚えてしまっている1桁×1桁に比べ，筆算をする計算は時間がかかります。このことがしばしばスムーズな計算の妨げになります。2桁の数字が登場するかけ算の中にも，日常生活でかなり出現頻度が高いものが存在するのです。

例えば18×8＝144という計算は，実は，日頃よくお目にかかる計算なのです。こんな計算が出現するたびにいちいち筆算をしていたら，それだけで時間のロスになります。言い換えると，こういう計算を「暗記」してしまうのは非常に効果が高いわけです。これが計算力を高めるための「暗記力」ということなのです。

ではもうひとつの「計算視力」とは何でしょう？　これが本書の大きなテーマです。

「計算視力」というのは実は筆者の造語です。ひと言でいうと計算の式を頭の中で変形して，簡単な計算に置き換える力のことなのです。「視力」という名前をつけたものの，実際に目に見える計算ではなく，頭の中で行う計算能力のことです。

次の例を見てください。

15×16＝

もちろん筆算などをすれば答えが240であることがすぐにわかるのですが，「計算視力」を鍛えることでこのような計算の答えが瞬時に暗算で導き出せるのです。

具体的には次のように考えます。

$$
\begin{aligned}
15 \times 16 &= 15 \times (2 \times 8) \\
&= (15 \times 2) \times 8 \quad \cdots① \\
&= 30 \times 8 \\
&= 240
\end{aligned}
$$

このような変形を行うことで，複雑に見える計算を筆算せずに解くことができます。

実は「暗記力」と「計算視力」は非常に密接な関連があります。というのも，問題式を「計算視力」で変形する際，自分が記憶している計算式を目指して変形するからです。

15×16の例で言えば，30×8という計算式は九九の$3 \times 8 = 24$を覚えているからこそ，このような変形にたどり着けたわけです。

そこでこの章では，まず基礎となる重要な計算式を基に計算視力の練習をしていくことにします。

九九を使った計算視力

本書の読者のみなさんは，きっと九九を暗記していることと思います。そこで「計算視力」を体験していただくために，まずは九九を使った計算視力の練習をしてみましょう。

ここでのコツは，上式の①のように「(5の倍数) × (偶数) は，偶数のほうの2だけを先に (5の倍数) にかける」ということです。

コツ＼１／

（５の倍数）×（偶数）という式を見つけたら，偶数の２だけ先にかける。

例題①　$14 \times 45 =$ ？

$$
\begin{aligned}
14 \times 45 &= (7 \times 2) \times 45 \\
&= 7 \times (2 \times 45) \\
&= 7 \times 90 \\
&= 630
\end{aligned}
$$

練習１　九九を使った計算視力の練習

以下の計算を瞬時にできるように練習してください。

各問とも制限時間３秒

（1）　$18 \times 15 =$

（2）　$35 \times 14 =$

（3）　$25 \times 16 =$

（4）　$45 \times 12 =$

練習 1 解答

(1)　$18 \times 15 = 9 \times 2 \times 15 = 9 \times 30 = 270$

(2)　$35 \times 14 = 35 \times 2 \times 7 = 70 \times 7 = 490$

(3)　$25 \times 16 = 25 \times 2 \times 8 = 50 \times 8 = 400$

(4)　$45 \times 12 = 45 \times 2 \times 6 = 90 \times 6 = 540$

5をかけること，5で割ること

日常生活において，5をかけること，5で割ることは頻繁に登場します。次の例をご覧ください。

$$236 \times 5 =$$

もちろん計算視力を働かせて，236を118×2と分解してから計算してもよいのですが，実は5をかけるということは，2で割ってから10をかけるのと同じことです。なぜなら，

$$10 \div 2 = 5$$

すなわち，

$$
\begin{aligned}
236 \times 5 &= 236 \times (10 \div 2) \\
&= (236 \div 2) \times 10 \\
&= 118 \times 10 \\
&= 1180
\end{aligned}
$$

となるからです。結局，5をかけることは2で割って0を1つ追加することと同じことなのです。

このように，5倍するなら，2で割るほうがずっと楽です。同様に，次の例のように，5で割る場合も2をかけて10で割る（0を1つとる，つまり小数点を左に1個ずらす）ほうがずっと楽です。

$$
\begin{aligned}
236 \div 5 &= 236 \times 2 \div 10 \\
&= 472 \div 10 \\
&= 47.2
\end{aligned}
$$

また，$\frac{43}{5}$のような，分母に5がくる分数でも，分母と分子に2をかけて，分母を10にすることで，簡単に計算ができます。

$$\frac{43}{5} = \frac{43 \times 2}{5 \times 2} = \frac{86}{10} = 8.6$$

コツ 2

計算視力で「×5」は「÷2×10」と，「÷5」は「×2÷10」などと読み替える。分母が5の分数は分母・分子に2をかけ，分母を10にする。

さらに，同じ論理で「× 25」，「÷ 25」もそれぞれ「÷ 4 × 100」，「× 4 ÷ 100」と読み替えるとすぐに計算ができますし，分母が25の分数の場合には，分母・分子に4をかけることですぐに値が出て便利です。25という数も，5ほどではないにしても日常生活ではよく出てくる数です。

例題②　**33÷25＝ ？**

「÷ 25」を見つけたら，「× 4 ÷ 100」の形に持ち込めばすぐ計算ができます。

$$
\begin{aligned}
33 \div 25 &= 33 \times 4 \div 100 \\
&= 132 \div 100 \\
&= 1.32
\end{aligned}
$$

練習 2　5をかけたり，5で割ったりする計算視力

以下の計算を瞬時にできるように練習してください。

各問とも制限時間３秒

(1)　$256 \times 5 =$

(2)　$742 \times 5 =$

(3)　$349 \div 5 =$

(4)　$709 \div 5 =$

(5)　$44 \times 25 =$

(6)　$62 \div 25 =$

練習 2 解答

（1）　$256 \times 5 = 256 \div 2 \times 10 = 1280$

（2）　$742 \times 5 = 742 \div 2 \times 10 = 3710$

（3）　$349 \div 5 = 349 \times 2 \div 10 = 69.8$

（4）　$709 \div 5 = 709 \times 2 \div 10 = 141.8$

（5）　$44 \times 25 = 44 \div 4 \times 100 = 1100$

（6）　$62 \div 25 = 62 \times 4 \div 100 = 2.48$

九九だけでは物足りない！

18ページであげた例をもう一度見てみましょう。

$8 \times 8 =$

$18 \times 8 =$

8×8は九九として暗記しているのですぐに計算結果が出ますが，18×8は筆算してしまうので，時間がかかってしまうという話をしました。

ところで，なぜ1桁×1桁の計算結果だけを九九として暗記しているのでしょう？　それは簡単なことです。九九を覚えないと筆算ができないからです。九九とは正しい答えを得るための必要最小限の知識だといえます。

言い換えると，計算力アップに必要な計算スピードのことはまったく考慮に入れていないのです。すなわち計算力をアップさせるためには，「九九だけでは十分ではない」ということになります。

例えば筆者がよく行くパン屋さんでは，1個126円のパンが多いのですが，そこは非常にお客さんが多いためレジがいつも混雑しています。そのため，そのパン屋さんの店員は126円のパンの個数がわかれば値段がすぐ計算できるように，値段と個数の関係を暗記しているのです。例えばパンが4個なら504円といった具合です。

このパン屋さんの例は少し特別かもしれませんが，例えばコンピュータエンジニアは$256 \times 256 = 65536$といった仕事によく出てくる計算は暗記していますし，バスと電車を乗り継いで決まった場所に行く人は，交通費の合計を暗記していたりします。すなわち何度も繰り返す計算は「暗記」するということを，私たちは意識せずに行っているのです。

とは言え，いきなり九九以外の計算を「暗記」するのは大変なので，ここでは九九を少し拡張した計算とその結果を表にして載せておきます。特に覚えておくと便利なものは，太字で示してあります。ひと通り覚えられたら，次ページの練習問題で確認してみてください。最初からすべて覚えてしまおうとせず，表を参照しながら少しずつ覚えていくのがコツです。

	11	12	13	14	15	16	17	18	19		平方	立方
1	11	12	13	14	15	16	17	18	19	1	1	1
2	22	**24**	**26**	**28**	**30**	**32**	**34**	**36**	38	2	4	**8**
3	33	**36**	**39**	**42**	**45**	**48**	**51**	**54**	57	3	9	**27**
4	44	**48**	**52**	**56**	**60**	**64**	**68**	**72**	76	4	16	**64**
5	55	**60**	**65**	**70**	**75**	**80**	**85**	**90**	95	5	25	**125**
6	66	**72**	**78**	**84**	**90**	**96**	102	**108**	114	6	36	**216**
7	77	**84**	**91**	**98**	**105**	**112**	119	**126**	133	7	49	343
8	88	**96**	104	**112**	**120**	**128**	136	**144**	152	8	64	512
9	99	**108**	117	**126**	**135**	**144**	153	**162**	171	9	81	729
10	110	120	130	140	150	160	170	180	190	10	100	1000
11	**121**	**132**	143	154	**165**	176	187	198	209	11	**121**	1331
12	**132**	**144**	156	168	**180**	**192**	204	**216**	228	12	**144**	1728
13	143	156	**169**	182	195	208	221	234	247	13	**169**	2197
14	154	168	182	**196**	**210**	224	238	252	266	14	**196**	2744
15	**165**	**180**	195	**210**	**225**	**240**	255	270	285	15	**225**	3375
16	176	**192**	208	224	**240**	**256**	272	**288**	304	16	**256**	4096
17	187	204	221	238	255	272	289	306	323	17	289	4913
18	198	**216**	234	252	270	**288**	306	324	342	18	324	5832
19	209	228	247	266	285	304	323	342	361	19	361	6859

下線　覚えなくても簡単なもの

太字　覚えておくと便利なもの

網かけ　平方数（大切）

練習 3　19×19まで・平方・立方の練習

空欄をできるだけ早く埋めてください
（何度も練習してみてください）。

	11	12	13	14	15	16	17	18	19		平方	立方
1	11	12	13	14	15	16	17	18	19	1	1	1
2	22								38	2		
3	33								57	3		
4	44								76	4		
5	55								95	5		
6	66						102		114	6		
7	77						119		133	7		343
8	88		104				136		152	8		
9	99		117				153		171	9		729
10	110	120	130	140	150	160	170	180	190	10	100	1000
11			143	154		176	187	198	209	11		1331
12			156				204		228	12		1728
13	143	156		182	195	208	221	234	247	13		2197
14	154		182			224	238	252	266	14		2744
15			195				255		285	15		3375
16	176		208	224			272		304	16		4096
17	187	204	221	238	255	272	289	306	323	17	289	4913
18	198		234	252			306	324	342	18	324	5832
19	209	228	247	266	285	304	323	342	361	19	361	6859

少し難しいかけ算の計算視力に挑戦

さて，ウォームアップできたところで，さらに「計算視力」の練習をしましょう。

例えば次のような計算をするとします。

例題③ $48\times15=$?

これは前にも出てきた（偶数）×（5の倍数）の形なので，（偶数）の中から2とか4などを切り離して（5の倍数）のほうに先にかけてやるとうまくいくケースです。

$$
\begin{aligned}
48\times15 &= (12\times4)\times15\\
&= 12\times(4\times15)\\
&= 12\times60\\
&= 720
\end{aligned}
$$

この問題のように，$48=12\times4$，$4\times15=60$，$12\times6=72$など，九九以外のかけ算が出てくる場合には，前節で紹介した表を参照しながら，重要度の高い1桁×2桁，2桁×2桁の計算に持ち込めるよう少しずつ計算視力の練習をしてみてください。

ところで，頭の中だけでこのような変形がうまくいかない場合は，最初は計算の過程を口に出しながら計算してみてもよいでしょう。

「$48\times15=12\times4\times15=12\times60=720$」

（よんじゅうはちかけるじゅうごは，じゅうにかける……）

慣れてくると声に出さなくても，頭の中で瞬時に変形できるようになります。また，式の変形の手法は1種類だけではありません。例えば48 × 15の場合，15に偶数をかけて，

$$
\begin{aligned}
48 \times 15 &= (8 \times 6) \times 15 \\
&= 8 \times (6 \times 15) \\
&= 8 \times 90 \\
&= 720
\end{aligned}
$$

とする方法もあります。

練習 4　九九を拡張した計算視力

以下の計算で計算視力の練習をしてください。

各問とも制限時間５秒

(1)　$55 \times 14 =$

(2)　$16 \times 35 =$

(3)　$65 \times 12 =$

(4)　$45 \times 32 =$

(5)　$28 \times 35 =$

(6)　$96 \times 15 =$

練習 4 解答

(1)　$55 \times 14 = 110 \times 7 = 770$

(2)　$16 \times 35 = 8 \times 70 = 560$

(3)　$65 \times 12 = 130 \times 6 = 780$

(4)　$45 \times 32 = 90 \times 16 = 1440$

(5)　$28 \times 35 = 14 \times 70 = 980$

(6)　$96 \times 15 = 12 \times 8 \times 15 = 12 \times 120 = 1440$

平方・立方も意外と重要

実は，計算する際によく出てくるのが数字の平方・立方，すなわち同じ数字を2回，3回とかけ合わせる作業です。実はこれが意外と苦戦するのです。

そこで，ここでも，1から19までの各数の平方・立方の計算結果を28ページの表の右欄にまとめておきました。わからなくなったら表を参照して，少しずつ覚えていってください。ひと通り覚えられたら29ページの練習問題に挑戦してみてください。

平方・立方の計算に持ち込む計算視力の練習

平方・立方の場合も基本的には前と同様です。ただし平方と立方の関係を見抜くための計算視力の練習がより必要となります（28ページの表を参照しても構いません）。

例題④　**（1）36×24＝ ？**
　　　　（2）75×15＝ ？

（1）　$36 \times 24 = (6 \times 6) \times (6 \times 4)$
$= (6 \times 6 \times 6) \times 4$
$= 216 \times 4$
$= 864$

（2）　$75 \times 15 = (5 \times 15) \times 15$
$= 5 \times (15 \times 15)$
$= 5 \times 225$
$= 1125$

練習 5 平方・立方に持ち込む練習

以下の計算を平方・立方の関係を使って瞬時にできるように練習してください（平方・立方の関係を見抜くのがコツ）。

各問とも制限時間10秒

(1) $72 \times 6 =$

(2) $24 \times 12 =$

(3) $45 \times 15 =$

(4) $16 \times 28 =$

(5) $26 \times 65 =$

(6) $66 \times 11 =$

(7) $125 \times 64 =$

(8) $45 \times 36 =$

(9) $14 \times 35 =$

(10) $3 \times 12 \times 15 =$

練習 5 解答

（1） $72 \times 6 = 2 \times 6^3 = 2 \times 216 = 432$

（2） $24 \times 12 = 2 \times 12^2 = 2 \times 144 = 288$

（3） $45 \times 15 = 3 \times 15^2 = 3 \times 225 = 675$

（4） $16 \times 28 = 7 \times 4^3 = 7 \times 64 = 448$

（5） $26 \times 65 = 2 \times 5 \times 13^2 = 1690$

（6） $66 \times 11 = 6 \times 11^2 = 726$

（7） $125 \times 64 = 5^3 \times 4^3 = 20^3 = 8000$

（8） $45 \times 36 = 5 \times 4 \times 9^2 = 20 \times 81 = 1620$

（9） $14 \times 35 = 2 \times 5 \times 7^2 = 490$

（10） $3 \times 12 \times 15 = 4 \times 5 \times 3^3$

$= 20 \times 27$

$= 540$

和差積を使った計算視力

さて，平方・立方に少し強くなったところで，計算の奥の手をお教えしましょう。これは中学から高校にかけて学習する「展開」の公式を使った計算視力の練習です。

例えば次の例を暗算で行ってください。

例題⑤　$39 \times 41 = \boxed{?}$

この問題は，次のような計算視力を使えば数秒で解くことができます。

$$\begin{aligned} 39 \times 41 &= (40 - 1) \times (40 + 1) \\ &= 40^2 - 1^2 \\ &= 1600 - 1 \\ &= 1599 \end{aligned}$$

すなわち，かけ算をする2数の平均（例題では40）からの和と差に分解することで，展開の公式，

$$(a + b)(a - b) = a^2 - b^2$$

に持ち込めるのです。この手は，実はさまざまな場面で使えて便利なので「和差積のパターン」と名づけましょう。

コツ 3

平均からの和と差に分解できそうなら，
和差積のパターンに持ち込む。

練習 6 和差積を使った計算視力

以下の計算を瞬時にできるように練習してください。

各問とも制限時間7秒

（1） $97 \times 103 =$

（2） $26 \times 24 =$

（3） $14 \times 18 =$

（4） $27 \times 13 =$

（5） $112 \times 108 =$

（6） $93 \times 87 =$

85+74+5

練習 6 解答

(1)　$97 \times 103 = (100 - 3) \times (100 + 3)$
$= 10000 - 9 = 9991$

(2)　$26 \times 24 = (25 + 1) \times (25 - 1)$
$= 625 - 1 = 624$

(3)　$14 \times 18 = (16 - 2) \times (16 + 2)$
$= 256 - 4 = 252$

(4)　$27 \times 13 = (20 + 7) \times (20 - 7)$
$= 400 - 49 = 351$

(5)　$112 \times 108 = (110 + 2) \times (110 - 2)$
$= 12100 - 4 = 12096$

(6)　$93 \times 87 = (90 + 3) \times (90 - 3)$
$= 8100 - 9 = 8091$

和差積の応用

和差積にひと通り慣れたところで，次の例題を見てみましょう。

例題 ⑥　$38 \times 43 =$ ？

38×42なら，2数の平均40を用いて和差積が使えるものの，38×43は2数の平均が40.5となり，展開式を使うのは面倒そうですね。

しかし，これもほんの少しの発想の転換で，和差積のパターンに持ち込むことができます。強引に38×42の形を作り出すのです。

$$
\begin{aligned}
38 \times 43 &= 38 \times (42 + 1) \\
&= 38 \times 42 + 38 \\
&= (40 - 2) \times (40 + 2) + 38 \\
&= 40^2 - 2^2 + 38 \\
&= 1600 - 4 + 38 \\
&= 1600 + 34 \\
&= 1634
\end{aligned}
$$

すなわち，一見和差積に持ち込むのが難しそうに見える計算の場合でも，わずかな過不足を２数のいずれかに補っていくことで，強引に和差積のパターンに持ち込めばよいのです。

練習　７　強引に和差積に持ち込む計算視力

以下の計算を瞬時にできるように練習してください。

各問とも制限時間15秒

(1)　$18 \times 23 =$

(2)　$34 \times 27 =$

(3)　$47 \times 54 =$

練習 7 解答

(1) $18 \times 23 = 18 \times 22 + 18$

$= (20 - 2) \times (20 + 2) + 18$

$= 400 - 4 + 18 = 414$

(2) $34 \times 27 = 33 \times 27 + 27$

$= (30 + 3) \times (30 - 3) + 27$

$= 900 - 9 + 27 = 918$

(3) $47 \times 54 = 47 \times 53 + 47$

$= (50 - 3) \times (50 + 3) + 47$

$= 2500 - 9 + 47 = 2538$

スライド方式を使った平方計算

日常生活でも，ある数の平方を計算するシーンにしばしば出くわします。例えば，正方形の土地の面積を計算したり，別の計算をしていて式を変形したときに，ある数の平方を計算しないといけない，ということがよくあります。28ページでは暗記しておくと便利な平方の答えを紹介しましたが，次のような方法も知っていると便利です。

例題⑦　$19^2 = 19 \times 19 = \boxed{?}$

こんな平方計算がスラッとできたらいいですね。

世の中の多くの計算本では，平方計算に関してこんな計算方法が載っています。それは中学校で習う展開公式を用いるものです。すなわち，

$$
\begin{aligned}
19 \times 19 &= (20 - 1) \times (20 - 1) \\
&= 20^2 - 2 \times 20 \times 1 + 1^2 \\
&= 400 - 40 + 1 \\
&= 361
\end{aligned}
$$

というやり方です。

この方式も決して悪いやり方ではなく，初めて聞いたときには感動モノです。しかし，実際に日常生活で平方計算をするときにこの方式を用いると，頭がこんがらがったり，場合によっては計算間違いが起こりやすくなります。

そこで，本書ではとっておきの「スライド方式」をみな

さんに伝授しようと思います（これも筆者の造語ですが）。「スライド」とは，英語で「滑らせる」という意味ですが，まさに計算式の2数をスライドしてかけ算をするのです。具体的には，かけ算する2数の一方を1増やすと同時に，もう一方を1減らすことを指します。例えば19×19を1回スライドすると，

$$19 \times 19 \xrightarrow[\text{1回スライド}]{} 20 \times 18$$

となります。もちろん2回スライドすると，

$$19 \times 19 \xrightarrow[\text{1回}]{} 20 \times 18 \xrightarrow[\text{2回}]{} 21 \times 17$$

となるわけです。

このことを踏まえて，スライド方式の手順を説明しましょう。いたって簡単です。

手順1：元の式をスライドすることで，かけ算が簡単になるものを見つけます。19×19の場合，1回スライドすれば20×18となり，簡単に計算できますね。

$$20 \times 18 = 360$$

手順2：スライドした回数の2乗を，手順1で求めた値に足します。19×19の場合，1回スライドしたので，

$$360 + 1 \times 1 = 361$$

となります。これが答えです。
「えっ?!」と思われた方もいらっしゃるでしょう。平方計算のスライド方式はかなり強力です。もう1問やってみましょう。

例題⑧　$48^2 = 48 \times 48 = \boxed{?}$

これもスライド方式を使うとこのようになります。

手順1：$48 \times 48 \rightarrow 49 \times 47 \rightarrow 50 \times 46$とスライドさせ，

$$50 \times 46 = 2300$$

手順2：2回スライドさせたので，手順1で求めた値に$2^2 = 2 \times 2$を足して，

$$\begin{aligned} 48 \times 48 &= 2300 + 4 \\ &= 2304 \end{aligned}$$

となります。
ところで，スライド方式を使うと，どうしてこんなに簡単に平方の計算ができるのでしょう？
実はここで，先に登場した「和差積」を使います。和差積の元となった展開公式をここでもう一度紹介すると，

$$(a + b)(a - b) = a^2 - b^2$$

です。この式の中に平方の形が出てくるので，それを用います。すなわち，この公式を変形して，

$$a^2 = (a + b)(a - b) + b^2$$

とします。ここで「a」を平方する数，「b」をスライドの回数と考えると，この式がまさにスライド方式を表していることにお気づきでしょうか？

先ほどの 19^2 の場合だと，

$$\begin{aligned} 19^2 &= (19 + 1) \times (19 - 1) + 1^2 \\ &= 20 \times 18 + 1 \\ &= 360 + 1 \\ &= 361 \end{aligned}$$

となるのです。

では次の平方をやはりスライド方式を使って解いてみましょう。

例題⑨ $87^2 = 87 \times 87 =$ ？

この場合は，2つの方法が考えられます。1つは，87 + 3 = 90となるように3回スライドする方法です。

$$87 \times 87 \xrightarrow[\text{3回スライド}]{} 90 \times 84$$

として，

$$
\begin{aligned}
87 \times 87 &= 90 \times 84 + 3^2 \\
&= 7560 + 9 \\
&= 7569
\end{aligned}
$$

とするやり方です。ですがこの場合，90 × 84の計算も結構面倒ですよね。

そこでもっといい方法を探してみましょう。思い切って13回スライドして，100にしてみるとどうでしょう。

$$
87 \times 87 \xrightarrow[\text{13回スライド}]{} 100 \times 74
$$

として，

$$
\begin{aligned}
87 \times 87 &= 100 \times 74 + 13^2 \\
&= 7400 + 169 \\
&= 7569
\end{aligned}
$$

$13^2 = 169$という計算さえ暗記していれば，こんな平方の計算もほとんど足し算と引き算だけで計算できてしまうのです。もう1問やってみましょう。

例題⑩　$213^2 = 213 \times 213 = \boxed{?}$

こんな大きな数の平方も，13回スライドすると213が200となって計算が簡単になります。すなわち，

$$213 \times 213 \xrightarrow[\text{13回スライド}]{} 226 \times 200$$

として，

$$\begin{aligned} 213 \times 213 &= 226 \times 200 + 13^2 \\ &= 45200 + 169 \\ &= 45369 \end{aligned}$$

となります。

コツ ＼ 4 ／

平方計算はスライド方式で楽に計算！

練習 8 スライド方式を使った平方計算

以下の計算で計算視力の練習をしてください。

各問とも制限時間15秒

(1)　$47^2 =$

(2)　$23^2 =$

(3)　$97^2 =$

(4)　$116^2 =$

(5)　$188^2 =$

(6)　$245^2 =$

練習 8 解答

(1)　$47^2 = 50 \times 44 + 9 = 2209$

(2)　$23^2 = 20 \times 26 + 9 = 529$

(3)　$97^2 = 100 \times 94 + 9 = 9409$

(4)　$116^2 = 132 \times 100 + 16^2$
$= 13200 + 256 = 13456$

(5)　$188^2 = 200 \times 176 + 12^2$
$= 35200 + 144 = 35344$

(6)　$245^2 = 250 \times 240 + 5^2$
$= (250 \times 4) \times 60 + 25$
$= 60000 + 25 = 60025$

累乗の計算視力

累乗もかなり出現頻度が高い計算です。特に2の累乗，3の累乗，5の累乗で，計算によく出てくる数字をまとめておきます。わからなくなったら，繰り返し参照してください（※は特に重要度の高い数字）。

2の累乗

※　$2^1 = 2$

※　$2^2 = 4$

※　$2^3 = 8$

※　$2^4 = 16$

※　$2^5 = 32$

※　$2^6 = 64$

※　$2^7 = 128$

※　$2^8 = 256$

　　$2^9 = 512$

※　$2^{10} = 1024$

　　$2^{11} = 2048$

　　$2^{12} = 4096$

　　$2^{13} = 8192$

　　$2^{14} = 16384$

　　$2^{15} = 32768$

※　$2^{16} = 65536$

3の累乗

※　$3^1 = 3$

※　$3^2 = 9$

※　$3^3 = 27$

※　$3^4 = 81$

※　$3^5 = 243$

※　$3^6 = 729$

5の累乗

※　$5^1 = 5$

※　$5^2 = 25$

※　$5^3 = 125$

※　$5^4 = 625$

　　$5^5 = 3125$

累乗の数字がかけ算の中に入っている場合は，逆に累乗の形になるよう計算視力を働かせると，意外と簡単に解けます。

例題⑪ $16 \times 125 =$?

$$
\begin{aligned}
16 \times 125 &= 2^4 \times 5^3 \\
&= (2 \times 5)^3 \times 2 \\
&= 2000
\end{aligned}
$$

この問題を解くための計算視力とは，2^4 と 5^3 を分解し，先に2と5をかけてから3乗する計算に問題を読み替えてやることです。

練習 9　累乗の計算視力

以下の計算を瞬時にできるように練習してください。

各問とも制限時間10秒

(1)　$32 \times 625 =$

(2)　$81 \times 16 \times 125 =$

(3)　$48 \times 375 =$

(4)　$225 \times 32 =$

練習 9 解答

(1)　$32 \times 625 = 2^5 \times 5^4 = 2 \times 10^4 = 20000$

(2)　$81 \times 16 \times 125 = 81 \times 2^4 \times 5^3$

$= 81 \times 2 \times 10^3 = 162000$

(3)　$48 \times 375 = 2^4 \times 3 \times 3 \times 5^3$

$= 2 \times 3 \times 3 \times 10^3 = 18000$

(4)　$225 \times 32 = 3^2 \times 5^2 \times 2^5 = 2 \times 60^2 = 7200$

かけ算・割り算は計算順序を入れ替える

次の式を見てください。

$45 \times 325 \div 1500 =$

実はこの計算は，ある化学の問題集の解答から抜粋したものです。化学の問題を解くときなど，かけ算と割り算が混ざった計算をするのに，まず 45×325 を最初に計算し始める学生が少なからずいます。すなわち，

$$\begin{aligned} 45 \times 325 \div 1500 &= (45 \times 325) \div 1500 \\ &= 14625 \div 1500 \\ &= 9.75 \end{aligned}$$

と計算するのです。

しかし，この問題の場合，45 × 325の後に ÷ 1500があるので，順番を入れ替えてやると非常に計算が簡単になります。すなわち，

$$
\begin{aligned}
45 \times 325 \div 1500 &= (45 \div 1500) \times 325 \\
&= (3 \div 100) \times 325 \\
&= 975 \div 100 \\
&= 9.75
\end{aligned}
$$

というように，45 × 325といった複雑な計算をうまく回避できます。要はかけ算・割り算は順序が大切ということです。

もちろん表現が変わって，

$$\frac{45}{1500} \times 325$$

という計算も同じことです。こちらだと，分母の1500と分子の45が近くにある分，先に約分すればよいことに気がつきますが，どんな場合にも計算が簡略化できないか，計算を始める前に少し順序の入れ替えを考えるクセをつけることが大切です。

もう1問見てみましょう。

$$32 \times 43 \times 625 =$$

43を見た瞬間，「どうしよう」と思ってしまいますが，

実はこれも順序の入れ替えが威力を発揮します。というのも，$32 = 2^5$，$625 = 5^4$なので，これらを計算視力で先に計算すると簡単になるのです。すなわち，

$$
\begin{aligned}
32 \times 43 \times 625 &= (32 \times 625) \times 43 \\
&= (2 \times 5)^4 \times 2 \times 43 \\
&= 20000 \times 43 \\
&= 860000
\end{aligned}
$$

特に化学の計算問題のように，かけ算や割り算，足し算や引き算，分数などが混在している場合には，計算順序を替えるだけで難しそうな数値が割り切れたりするような問題の設定になっていることがよくあります。計算の順序を入れ替えるか入れ替えないかで，後々の計算の難易度が大きく変わってしまいます。

仮に順序の入れ替えや約分を用いずに最終的に正しい解答に到達することができたとしても，時間のロスは試験の際に大きなマイナス要因となりますし，計算間違いの可能性も大きくなります。必ず順序の入れ替えをして，最小の計算量で正確に計算することを心がけてください。

コツ 5

いくつもの数をかけ算・割り算するときは，うまく順序を入れ替えてから計算を始める。

練習 10 かけ算・割り算の順序の入れ替え

以下の計算を暗算できるよう練習してください。

各問とも制限時間15秒

（1）　$38 \div 54 \times 270 =$

（2）　$98 \times 120 \div 23 \times 46 \div 49 \div 48 =$

（3）　$81 \times 75 \times 125 \times 32 =$

練習 10 解答

(1)　$38 \div 54 \times 270$

$= 38 \times (270 \div 54)$

$= 38 \times 5$

$= 190$

(2)　$98 \times 120 \div 23 \times 46 \div 49 \div 48$

$= (98 \div 49) \times (46 \div 23) \times 120 \div 48$

$= 2 \times 2 \times 120 \div 48$

$= 480 \div 48$

$= 10$

(3)　$81 \times 75 \times 125 \times 32$

$= 81 \times (75 \times 125 \times 32)$

$= 81 \times (75 \times 4 \times 125 \times 8)$

$= 81 \times (300 \times 1000)$

$= 24300000$

分数変換法を使った計算視力

日常生活では，意外と（整数×小数）のかけ算をする機会が多いことに気づきます。例えば買い物をするときでも，「タイムサービス全品2割引き」というときには，0.8という小数をかけ算することになります。ほかにも税金の計算にしろ，営業成績の目標にしろ，小数をかけ算することが非常に多いのです。

ところが，小数には欠点があります。かけ算が意外と面倒くさいということです。たしかに電卓の数字キーを叩けば正しい答えが出てくるでしょうが，電卓がない状況で，瞬間的に小数のかけ算をしないといけない場面もよくあります。そんなときに便利なのが「分数変換」です。

分数のよい点は，「約分」ができる点です。すなわちかけ算をする前に，計算そのものを簡略化できるわけです。これを使わない手はありません。

そのためにまず頭の中で小数をすぐ分数に変換できるよう，小数→分数の変換を練習しましょう。分数変換を武器に計算視力の練習をすれば，いままで小数計算で手間取っていた計算も，早く答えにたどり着くことができます。

そこで，日常生活でよく使う0.05の倍数をまとめておきます。わからなくなったら繰り返し参照してください。

※　$0.05=\frac{1}{20}$

※　$0.15=\frac{3}{20}$

※　$0.25=\frac{1}{4}$

※　$0.35=\frac{7}{20}$

※　$0.45=\frac{9}{20}$

※　$0.55=\frac{11}{20}$

※　$0.65=\frac{13}{20}$

※　$0.75 = \dfrac{3}{4}$

※　$0.85 = \dfrac{17}{20}$

※　$0.95 = \dfrac{19}{20}$

次に0.05の倍数の分数変換を用いた計算視力の練習をします。分数変換を使って計算することを「分数変換法」と名づけます。次の例を見てみましょう。

例題⑫　**84×0.75＝ ？**

こんな場合に，前にまとめた分数変換が役に立ちます。

$$
\begin{aligned}
84 \times 0.75 &= 84 \times \frac{3}{4} \\
&= (84 \div 4) \times 3 \\
&= 21 \times 3 \\
&= 63
\end{aligned}
$$

すなわち，この場合は0.75を分数変換し，先に分母の4で84を割ってやれば，かなり計算が楽になるというわけです。もうひとつ例をあげておきましょう。

例題⑬　$220 \times 0.95 = \boxed{?}$

これも0.95を分数変換すれば，実は簡単な整数のかけ算に変換できます。

$$
\begin{aligned}
220 \times 0.95 &= 220 \times \frac{19}{20} \\
&= (220 \div 20) \times 19 \\
&= 11 \times 19 \\
&= 209
\end{aligned}
$$

このように，分数変換を使うことで，前もって約分をして，余計なかけ算を避けることができるわけです。こうすれば，ややこしそうな小数のかけ算も，意外と簡単にできるようになるのではないでしょうか？

コツ 6

小数のかけ算はできるだけ分数変換して，前もって約分をしておく。

練習 11 分数変換法

以下の計算を瞬時にできるように練習してください。

各問とも制限時間５秒

(1)　$24 \times 0.25 =$

(2)　$80 \times 0.35 =$

(3)　$68 \times 0.75 =$

(4)　$16 \times 0.15 =$

(5)　$36 \times 0.45 =$

(6)　$26 \times 0.65 =$

練習 11 解答

(1)　$24 \times 0.25 = 24 \times \frac{1}{4} = 6$

(2)　$80 \times 0.35 = 80 \times \frac{7}{20} = 4 \times 7 = 28$

(3)　$68 \times 0.75 = (17 \times 4) \times \frac{3}{4} = 17 \times 3 = 51$

(4)　$16 \times 0.15 = 16 \times \frac{3}{20} = 0.8 \times 3 = 2.4$

(5)　$36 \times 0.45 = 36 \times \frac{9}{20} = 1.8 \times 9 = 16.2$

(6)　$26 \times 0.65 = 26 \times \frac{13}{20} = 1.3 \times 13 = 16.9$

そのほか，小数→分数変換のうち，よく使うものをあげておきます（一部重複するものもあります）。

※　$0.2 = \frac{1}{5}$

※　$0.4 = \frac{2}{5}$

※　$0.6 = \frac{3}{5}$

※　$0.8 = \frac{4}{5}$

※　$0.2 = \frac{1}{5}$

※　$0.04 = \frac{1}{25}$

※　$0.008 = \frac{1}{125}$

※　$0.125 = \frac{1}{8}$

※　$0.375 = \frac{3}{8}$

※　$0.625 = \frac{5}{8}$

※　$0.875 = \frac{7}{8}$

※　$0.5 = \frac{1}{2}$

※　$0.25 = \frac{1}{4}$

※　$0.125 = \frac{1}{8}$

※　$0.0625 = \frac{1}{16}$

では実際の計算にも挑戦してみましょう。

0.05の倍数以外にも分数変換法を用いると，計算がもっと簡単になるものがあることを実感してみてください。

例題⑭　375×0.04＝ ？

0.04を$\frac{1}{25}$と変換することで，375と約分することができます。375も，125×3であることに注意すれば，意外と簡単なかけ算であることが見抜けます。

$$
\begin{aligned}
375 \times 0.04 &= (125 \times 3) \times \frac{1}{25} \\
&= 3 \times (125 \div 25) \\
&= 3 \times 5 \\
&= 15
\end{aligned}
$$

練習 12　分数変換法

以下の計算を瞬時にできるように練習してください。

各問とも制限時間７秒

(1)　$96 \times 0.125 =$

(2)　$56 \times 0.625 =$

(3)　$75 \times 0.28 =$

(4)　$175 \times 0.16 =$

(5)　$256 \times 0.375 =$

(6)　$48 \times 0.0625 =$

練習 12 解答

(1)　$96 \times 0.125 = (8 \times 12) \times \frac{1}{8} = 12$

(2)　$56 \times 0.625 = 56 \times \frac{5}{8} = 35$

(3)　$75 \times 0.28 = 75 \times \frac{7}{25} = 21$

(4)　$175 \times 0.16 = (25 \times 7) \times \frac{4}{25} = 28$

(5)　$256 \times 0.375 = 2^8 \times \frac{3}{8} = 2^5 \times 3 = 96$

(6)　$48 \times 0.0625 = (16 \times 3) \times \frac{1}{16} = 3$

比の問題を解くコツ

比は日常的によく使う概念ですが，数式で表すことはあまりありません。そのようなわけで普段は意識せずにお世話になっているにもかかわらず，学校を卒業して以来，その数式にお目にかかることはほとんどないのが実情です。

中学校などでは，

$$A : B = C : D$$

という式を見かけたら，すぐに外項と内項の積の式より

$$AD = BC$$

と変換していたという読者のみなさんも多いでしょう。実

際筆者の教室にもそういう高校生がたくさんいます。

日常生活においては，比はいたるところに登場します。1ヵ月で水道代が2000円だったら，1年間でいくらぐらいになるのか？　毎日2km走ったら，1年間で何km走ることになるのかなど，枚挙にいとまがありません。それなのに，比を見かけるたびにAD＝BCの形にしてから方程式を暗算で解いていたら，計算も大変ですし，そもそも時間のムダです。

もちろん「比の問題」を解くにもコツがあります。次の例で考えてみましょう。

例題⑮　2gの食塩を水に溶かして食塩水を500g作りました。この食塩水150gの中には何gの食塩が溶けているでしょう？

典型的な比の問題です。こういうのが苦手な人も多いのではないでしょうか？　そういう人の多くは，暗算しようとすると「かけ算と割り算を使うのはわかるけれど，どれとどれをかけて，どれで割るのか？」というのがわからなくなってしまうようです。そこで，

$$2:500=x:150$$

という式を立てて計算しようとするわけです。式を移項したりして計算しますから，時間がかかってしまいます。

ではどう考えればよいのでしょうか？

まず「2gに何かをかけるとよい」ということは，わかりますか？　出てくる答えは「2g」と同じ単位の数です

(専門的には「同じ次元」と言います)。

あとは「最終的な答えは2gより少ないはずだから，2gに1より小さい数をかける，ということは$\frac{500}{150}$じゃなくて$\frac{150}{500}$をかけるんだな」というふうに考えます。すなわち理論的に考えるのではなく，「答えがこれぐらいになるはずだから，きっとこうするのだな」というふうに答えから式を立てるのです。

「そんなことしていいの？」と思われる読者もいるかもしれませんが，計算力とはそういうものです。とにかく正しい答えに少しでも早く到達すればそれでよいのです。

コツ 7

比の問題は，頭を使って解こうとせず，答えから式を組み立てる。

実際，計算の速い人はこのように答えを予測しながら計算しているようです。実は，計算の速い学生を何人も観察してみると，数学の成績がよい学生ほど計算の間違え方が大胆なようなのです。「あ，かけるほうと割るほう間違えた！」など，直感的に計算を行っているのです。

少し話がそれましたが，ともかく以上のことから，問題文を見ながら，次の式を頭の中で作るのです。

$$2\times\frac{150}{500}=$$

ここからは計算視力を働かせてください。

$$2 \times \frac{150}{500} = 2 \times 0.3$$
$$= 0.6$$

となります。またはこちらでもいいでしょう。

$$2 \times \frac{150}{500} = \frac{300}{500}$$
$$= \frac{3}{5}$$
$$= 0.6$$

練習 13　比の計算

次の空欄に適当な数字を入れてください。

各問とも制限時間20秒

(1)　12日につき8秒進む時計は27日間に□秒進む。

(2)　9 km進むのに□リットルのガソリンを消費する自動車は24 km進むのに4リットルのガソリンを消費する。

(3)　100gあたり250円の牛肉を□g買うと400円である。

練習 13 解答

(1)　$8秒 \times \frac{27}{12} = 18秒$

(2)　$4リットル \times \frac{9}{24} = 1.5リットル$

(3)　$100\text{g} \times \frac{400}{250} = 160\text{g}$

分数の約分

比を扱う際に避けて通れないのが分数の計算です。そして，これまでも触れてきたように約分は計算の時間短縮に欠かせません。改めて次のような計算を考えてみましょう。

例題 ⑯　$12 \times \frac{34}{85} =$ ？

この計算をするときに12 × 34をそのまま計算しようとすると，計算に時間がかかるばかりでなく，計算間違いをする可能性が増えます。この問題のように，約分できるならできるだけ先に約分します。すなわち，

$$
\begin{aligned}
12 \times \frac{34}{85} &= 12 \times \frac{2}{5} \\
&= \frac{24}{5} \\
&= \frac{48}{10} \quad \cdots(\text{分母・分子に}2\text{をかける}) \\
&= 4.8
\end{aligned}
$$

とするべきです。また，上のように分母が5の場合には，分母・分子に2をかけると簡単に小数が出てきます。もちろん，すべての分数が約分できるわけではありませんが，分数を見て，とっさに，約分できるかどうか，その他の計算テクニックが使えないかどうかを見抜く計算視力の練習が必要です。

そこで，ここからは補習にして，約分の計算法について考えてみましょう。ここに書くことは，昔，学校で習ったことがある知識かもしれませんので，もしも「そんなのは大丈夫」という読者の方がいらっしゃいましたら，読み飛ばしていただいても構いません。

補習1　分数の約分の仕方

まず約分で大切なことは，分母・分子の公約数，できれば最大公約数を瞬時に思いつくことです。

例えば64と48と聞けば，たいてい8の倍数であることを思いつきます。これは64も48もともに九九の8の段で登場するからです。

では次の例題はどうでしょう。

例題⑰ $\frac{96}{132}$ **を約分してください。**

132と96と聞くと，本書の読者のみなさんは「12」が頭に浮かぶかもしれません。これは九九の勉強だけではなく，いくつかの数字のかけ算を暗記しているからこそ，瞬時に思いつくものなのです（もしも瞬時に12が出てこなかったなら，ぜひ28ページ表中の12の段のかけ算を復習してみてください）。

もしも$\frac{96}{132}$の分母・分子の公約数を思いつかなかったとすると，どういう計算をするでしょうか？　とりあえず2で約分して$\frac{48}{66}$，それをさらに2で約分して$\frac{24}{33}$，3で約分して$\frac{8}{11}$と，小さい数で何回も約分していくに違いありません。それでは効率も悪く，暗算ではなかなか正解にたどり着けません。

そこで約分の計算は，できる限り大きい公約数で割ることで，計算時間を短縮することを心がけます。式でまとめるとこういうことになります。

最大公約数の12がすぐに思いつかないとき：

$$\frac{96}{132}=\frac{48}{66}$$ …（分母・分子を2で約分）

$$=\frac{24}{33}$$ …（分母・分子を2で約分）

$$=\frac{8}{11}$$ …（分母・分子を3で約分）

最大公約数の12に気づいたとき：

$$\frac{96}{132}=\frac{8}{11}$$ …（分母・分子を一気に12で約分）

　すなわち，132と96の2数を見て，最大公約数の12に気づけば，それで一気に割って1回で約分できてしまうのです。

コツ＼8／

約分は，できるだけ大きい公約数で割る。

　このことを練習してみましょう。

練習14 約分

次の分数を約分してください。

各問とも制限時間10秒

(1) $\frac{72}{108}$

(2) $\frac{52}{91}$

(3) $\frac{30}{225}$

(4) $\frac{48}{256}$

(5) $\frac{35}{98}$

（解答は章末82ページ参照）

補習2 「ユークリッドの新互除法」

次に，即座に公約数を思いつかないときのとっておきの計算法をお教えします。「とっておき」といいつつ，実は2000年以上も前にギリシャのエウクレイデス（英語読みでユークリッド）が考え出したとされている「ユークリッドの互除法」という手法を少し改良したものですので「**ユークリッドの新互除法**」と呼ぶことにします。

例えば次の例を見てください。

$$\frac{221}{299}$$

この分数を約分しようと思っても，299と221の公約数はなかなか思いつきません。こんなときにユークリッドの互除法が役に立ちます。まずは昔から伝わるユークリッドの互除法で公約数を見つけてみましょう。

まず299÷221（大きい方を小さい方で割ります）を計算して，そのあまりを求めます（商は必要ありません）。この場合，

299÷221＝1あまり78

です。次に221÷78を計算します。この場合，

221÷78＝2あまり65

です。さらに78÷65を計算します。この場合，

78÷65＝1あまり13

です。さらに65÷13を計算します。この場合，

65÷13＝5あまり0

です。

あまりが0になった（割り切れた）時点で終了します。で，そのときに割った数（この例の場合，13）が最大公約数です。

このように，直前の割り算のあまりで小さいほうの数を割っていくことで，自然と公約数が求まるのです。これがユークリッドの互除法です。

この手法のいい点は同じ作業の繰り返しで，いつの間にか答えが出てきていることですが，その一方で少し時間が

かかることが難点です。

そこで，私たちは次に紹介する「ユークリッドの新互除法」を使って公約数を求めることにしましょう。

まず第1段階は同じです。$299 \div 221$を計算してください。あまりは78です。

この78が，「何×何」かを見抜いてください。

そう，この場合は$13 \times 6 = 78$です（28ページ表参照）。

そこで299が，13の倍数か，もしくは6の倍数か，それぞれ実際に計算視力で割り出してみます。

299が13の倍数か？　$299 \div 13$の計算を視野に入れながらよく目を凝らすと，

$$299 = 260 + 39$$

であることが見えてきます。26も39も28ページ表中の13の段で出てきているので，299は13の倍数ということになります。

そこで，299と221を13で約分すればよいことがわかります。

$$\frac{221}{299} = \frac{17}{23}$$

ちなみに，299と221をそれぞれ13で割る計算は，筆算を使うのが一般的ですが，これまでの計算視力の訓練からかけ算の知識の応用であることがおわかりいただけると思います。したがって，約分の計算も練習しだいで暗算ですぐにできるようになるはずです。

練習 15　ユークリッドの新互除法

次の分数をできるだけ短時間で約分してください（筆算可）。

各問とも制限時間30秒

(1)　$\dfrac{391}{437}$

(2)　$\dfrac{527}{731}$

(3)　$\dfrac{899}{1271}$

（解答は章末82ページ参照）

補習３　倍数判定法

結局，今まで見てきたように，かけ算と割り算が混じっている計算においては，計算視力でできるかぎり約分をしておくことが重要な鍵となります。また，約分の際に重要なのは，分母と分子の公約数をできるだけ速く見つけることであることもわかりました。

そこでここでは，そういった約分の際に知っておいたほうが便利な「倍数判定法」をおさらいしておきます。

2の倍数（偶数）

◇1の位が偶数なら偶数，奇数なら奇数。

（例） 3458→　　1の位が「8」なので，偶数。
（例） 2965→　　1の位が「5」なので，奇数。

4の倍数

◇下2桁が4で割り切れたら4の倍数。

（例）3452→　下2桁「52」は4で割り切れるので，4の倍数。

（例）2974→　下2桁「74」は4で割り切れないので，4の倍数ではない。

8の倍数

◇下3桁が8で割り切れたら8の倍数。または，下2桁が4で割り切れ，かつ（その商＋100の位の数）が偶数なら8の倍数。

（例）128→　28は4で割り切れ，かつ$(28 \div 4) + 1 = 8$は偶数なので，128は8の倍数。

（例）628→　28は4で割り切れるが，$(28 \div 4) + 6 = 13$は奇数なので，628は8の倍数ではない。

3の倍数，9の倍数

◇全桁の数字を足し合わせて，その答えが3の倍数なら元の数も3の倍数。

◇全桁の数字を足し合わせて，その答えが9の倍数なら元の数も9の倍数（当然，3の倍数）。

（例）628→　　6 + 2 + 8 = 16なので，3の倍数でも9の倍数でもない。

（例）828→　　8 + 2 + 8 = 18なので，9の倍数（当然，3の倍数）。

練習 16 倍数判定法

次の数値から⑴ 4の倍数，⑵ 8の倍数，⑶ 3の倍数，⑷ 9の倍数をそれぞれ見つけてください。

ⓐ　1238
ⓑ　4182
ⓒ　6722
ⓓ　8544
ⓔ　3372
ⓕ　5364
ⓖ　9936
ⓗ　2904
ⓘ　7638
ⓙ　10864

（解答は章末82ページ参照）

練習 14 解答

(1) $\frac{72}{108}=\frac{2}{3}$ …(36で約分)

(2) $\frac{52}{91}=\frac{4}{7}$ …(13で約分)

(3) $\frac{30}{225}=\frac{2}{15}$ …(15で約分)

(4) $\frac{48}{256}=\frac{3}{16}$ …(16で約分)

(5) $\frac{35}{98}=\frac{5}{14}$ …(7で約分)

練習 15 解答

(1) $\frac{391}{437}=\frac{17}{19}$ …(23で約分)

(2) $\frac{527}{731}=\frac{31}{43}$ …(17で約分)

(3) $\frac{899}{1271}=\frac{29}{41}$ …(31で約分)

練習 16 解答

(1) ⓓ ⓔ ⓕ ⓖ ⓗ ⓙ

(2) ⓓ ⓖ ⓗ ⓙ

(3) ⓑ ⓓ ⓔ ⓕ ⓖ ⓗ ⓘ

(4) ⓕ ⓖ

第2章

足し算は かけ算の応用

足し算のコツは「かけ算への持ち込み」

さて，いよいよ足し算に入っていきます。プロローグでも書きましたが，かけ算はすべての計算の基本です。足し算はかけ算より簡単そうに見えて，実はかけ算より奥が深いのです。その理由は以下の3つです。

1．足し算は記憶に頼る部分が意外と少ない

足し算はかけ算に比べて記憶に頼る部分が少なく，どんな計算でもある程度の時間を割いて計算しないといけません。例えば68 × 55の場合，計算視力に持ち込んで，340 × 11にすれば3740という答えがすぐに出てくるのですが，68 + 55の場合はひたすら計算をするのみです。

2．かけ算と違っていくつもの数を足し算することが多い

日常生活で10個の数をかけ算するケースはほとんどありませんが，10個の数を足し算することはよくあります。例えばスーパーマーケットで10個の品物を購入したときに，レジでは10個の数の足し算が行われます。

3．足し算をかけ算に持ち込む＝変形することが多い

多くの数を足し算する場合，計算視力を使ってかけ算に持ち込むことで，計算を単純化することができます。その際，かけ算で培った計算視力をそのまま用いることができます。かけ算がすらすらとできる計算力がなければ，足し算の計算力は向上しません。

$$
\begin{aligned}
48 + 84 + 36 &= 12 \times 4 + 12 \times 7 + 12 \times 3 \\
&= 12 \times (4 + 7 + 3) \\
&= 12 \times 14 \quad \cdots \text{（かけ算に持ち込む）} \\
&= 168
\end{aligned}
$$

このように，足し算を効率よく行うためには，どうしても先にかけ算の練習が必要なのです。

かけ算の際のキーワードは「暗記力」と「計算視力」だと書きました。足し算のキーワードは「かけ算への持ち込み」です。かけ算への持ち込みのための手法として「平均」を使う方法と「まんじゅう数え上げ方式」があります。

「平均」は足し算とかけ算の架け橋

いくつかの数を足し算するときには，値の「程度」のようなものを考えます。この値の「程度」を表す数として「平均」を用いる手法を紹介します。

次の足し算を考えてみましょう。

例題①　$71 + 80 + 78 + 82 + 87 + 81 = \boxed{?}$

この場合，だいたい80のあたりにすべての数が分布していることに気がつきます。そこですべての数を80からの和と差でとらえてみると意外と簡単に答えが出てきます。

$$
\begin{aligned}
&\quad 71 + 80 + 78 + 82 + 87 + 81 \\
&= (80 - 9) + 80 + (80 - 2) + (80 + 2) \\
&\quad + (80 + 7) + (80 + 1) \\
&= 80 \times 6 + (-9 - 2 + 2 + 7 + 1) \\
&= 480 - 1 \\
&= 479
\end{aligned}
$$

ところでこのように「すべての値が80のあたりに分布していることなんて現実にあるの？」という疑問が起こるかもしれません。しかし少し考えてみてください。

例えばスーパーマーケットへ買い物に行って，カゴの中にダイヤの指輪や高級腕時計と，牛乳や卵を一緒に入れるということはありえません。カゴの中の品物は高くてもせいぜい1個500円とか1000円ぐらいのものです。すなわち，カゴの中身の金額を足し算する場合，品物の値段には平均的な「程度」が存在するのです。

それはスーパーの買い物カゴに限らず，足し算を使うほとんどの状況，つまり日常生活においてあてはまります。

ちなみに先ほど例としてあげた足し算の例題は，6人の学生の，とある試験の点数の合計を計算したものです。

練習 1　足し算の平均への持ち込み

次の計算をできるだけ速く暗算で行ってください。

各問とも制限時間10秒

(1)　$16 + 19 + 23 + 19 + 22 =$

(2)　$22 + 24 + 25 + 26 + 28 =$

(3)　$79 + 76 + 83 + 81 + 84 + 75 =$

(4)　$24 + 20 + 23 + 24 + 24 + 24 + 24 + 28 =$

練習 1 解答

(1)　$16+19+23+19+22$

$=20\times5+(-4-1+3-1+2)=99$

(2)　$22+24+25+26+28$

$=25\times5+(-3-1+1+3)=125$

(3)　$79+76+83+81+84+75$

$=80\times6+(-1-4+3+1+4-5)$

$=478$

(4)　$24+20+23+24+24+24+24+28$

$=24\times8+(-4-1+4)=191$

等差数列を「平均」でかけ算に持ち込む

次の式を見てください。

例題②　$4+5+6+7+8=$ ？

この問題で気づくことは4，5，6，7，8の5つの数が，連続した整数だということです。

このように，その差が常に一定な数の列のことを「等差数列」と呼びます。このように1ずつ増えるもののほかにも1，3，5，7，9などのように2ずつ増えるものや，20，16，12，8などのように4ずつ減るものも等差数列です。

例えば等差数列の足し算，

$4+5+6+7+8$の計算をするときに，

$4+5=9$

$9+6=15$

$15+7=22$

$22+8=30$

と1つずつ計算していると，時間がかかります。今は1桁の数が5つでどうにかなりましたが，桁数が増えたり数が増えたりすると結構時間も手間もかかり，計算間違いする可能性も高くなります。

実は，等差数列を足し算する場合，とてもいい方法があります。キーワードはやはり「平均」です。「『平均』って足し算したり割り算したりするからもっと時間がかかるんじゃないの？」と思う方もいらっしゃるでしょうが，等差数列の場合はとても簡単なのです。なぜなら「真ん中の数」が平均になるからです。

4，5，6，7，8の場合，真ん中の数，この場合は6が平均です。そこで「平均6の数が5個ある」と考えると，答えは簡単に出てきます。

$$4+5+6+7+8=6\times5=30$$

等差数列で「平均」を利用する場合の基本は，以下の2つです。

1．奇数個の等差数列の場合，それらの平均は真ん中の数字なので，それらの和は（真ん中の数）×個数。

（**例**）22，24，26，28，30の場合，平均は真ん中の26なので，

$$22 + 24 + 26 + 28 + 30 = 26 \times 5$$
$$= 130$$

2．偶数個の等差数列の場合，それらの平均は真ん中の2つの数字の平均なので，それらの和は，

$$\frac{(\text{真ん中の2数の和})}{2} \times \text{個数}$$
$$= (\text{真ん中の2数の和}) \times (\text{個数の半分})$$

この場合，真ん中の2数の平均を求める際の「÷2」の部分を，計算視力で個数にかけると，楽に計算できます。

（**例**）22，24，26，28，30，32の場合，平均は真ん中の26と28の平均なので，

$$22 + 24 + 26 + 28 + 30 + 32 = \frac{(26 + 28)}{2} \times 6$$
$$= (26 + 28) \times \frac{6}{2}$$
$$= 54 \times 3$$
$$= 162$$

コツ 9

等差数列は（平均×個数）のかけ算に持ち込む。

練習 2　等差数列の平均への持ち込み

次の計算をできるだけ速く暗算で行ってください。

各問とも制限時間５秒

（1）　$15 + 16 + 17 + 18 + 19 =$

（2）　$22 + 24 + 26 + 28 + 30 =$

（3）　$40 + 35 + 30 + 25 + 20 =$

（4）　$32 + 35 + 38 + 41 + 44 =$

（5）　$27 + 30 + 33 + 36 + 39 =$

（6）　$12 + 13 + 14 + 15 =$

（7）　$7 + 9 + 11 + 13 + 15 + 17 =$

（8）　$75 + 79 + 83 + 87 + 91 + 95 =$

（9）　$58 + 61 + 64 + 67 + 70 + 73 + 76 + 79 + 82 =$

（10）　$7 + 10 + 13 + 16 + 19 + 22 + 25 + 28 =$

練習 2 解答

（1）　$15+16+17+18+19=17\times5=85$

（2）　$22+24+26+28+30=26\times5=130$

（3）　$40+35+30+25+20=30\times5=150$

（4）　$32+35+38+41+44=38\times5=190$

（5）　$27+30+33+36+39=33\times5=165$

（6）　$12+13+14+15=(13+14)\times2=54$

（7）　$7+9+11+13+15+17$

$=(11+13)\times3=72$

（8）　$75+79+83+87+91+95$

$=(83+87)\times3=510$

（9）　$58+61+64+67+70+73+76+79+82$

$=70\times9=630$

（10）　$7+10+13+16+19+22+25+28$

$=(16+19)\times4=140$

等差数列を見抜いてかけ算に持ち込む

さて，等差数列の和が簡単に求められることに慣れたところで，次にもう少し複雑な足し算に挑戦してみましょう。

先に計算した等差数列の問題は，小さい数から順に並んでいたため，等差数列であることが見つけやすくなっていました。しかし，実際にはこんなにきれいな足し算をする機会はそう多くありません。例えば次のような場合です。

例題③　**7＋8＋5＋5＋10＝ ？**

このときに「これが5＋6＋7＋8＋9だったら楽なのになぁ……」と思いませんか？　それを利用して計算視力を働かせます。

$$
\begin{aligned}
&7+8+5+5+10\\
&=5+5+7+8+10\\
&=5+(6-1)+7+8+(9+1)\\
&=5+\mathbf{6}+7+8+\mathbf{9}
\end{aligned}
$$

今は数字で書きましたが，このとき次のようなまんじゅうを頭に思い浮かべると楽しいし，速く計算ができます。この発想は次の節で述べる「まんじゅう数え上げ方式」にも応用できます。ぜひ練習してみてください。

$7 + 8 + 5 + 5 + 10$

$= 5 + 5 + 7 + 8 + 10$

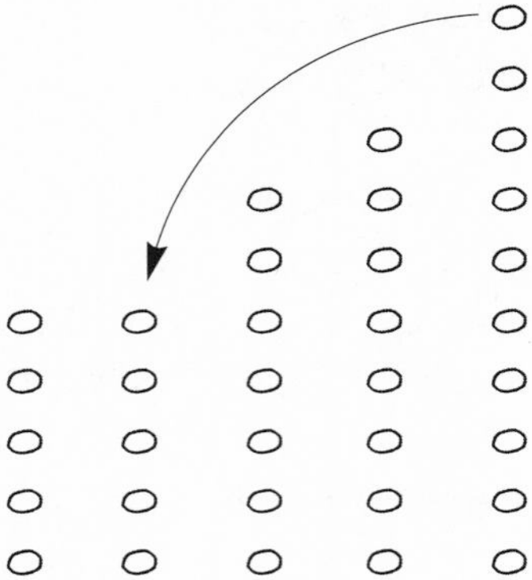

$= 5 + 6 + 7 + 8 + 9$

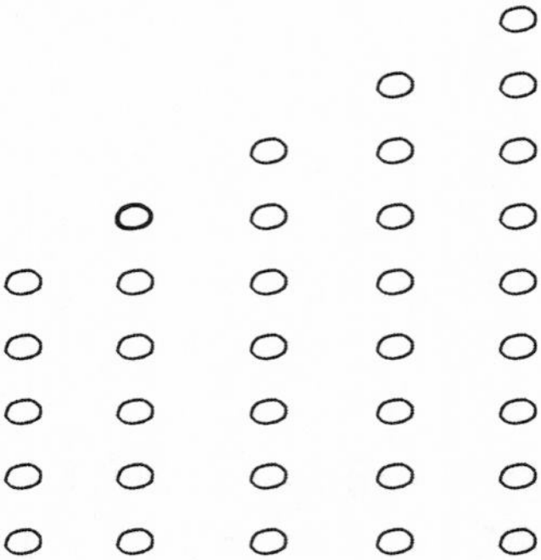

$= 7 \times 5$ (←奇数個の数字の等差数列なので)

$= 35$

同じように次の計算をしてみましょう。

例題④　$4+8+9+5+11+7=$ ？

この問題の場合，4から9までは6以外全部あって，あとは11が1個だけ独立しています。ですから，11から6を借りてきて4，5，6，7，8，9の和を求めて，残った5を後で足します。すなわちこのように計算視力を働かせるのです。

$$
\begin{aligned}
&4+8+9+5+11+7\\
&=4+8+9+5+(6+5)+7\\
&=(4+5+\mathbf{6}+7+8+9)+\mathbf{5}\\
&=(6+7)\times 3+5\\
&=39+5\\
&=44
\end{aligned}
$$

もう1問やってみましょう。

例題⑤　$12+10+17+16+15+19=$ ？

この場合，「前の2つの数がもう少し大きければ」ということと，「後ろの4つに18が抜けている」ことが頭に浮かべば，あとはその部分を計算視力で補います。すなわち，12を14に，10を18にしてやるとうまくいきます。

$$
\begin{aligned}
&12 + 10 + 17 + 16 + 15 + 19 \\
&= (14 - 2) + (18 - 8) + 17 + 16 + 15 + 19 \\
&= (\mathbf{14} + 15 + 16 + 17 + \mathbf{18} + 19) - (\mathbf{2} + \mathbf{8}) \\
&= (16 + 17) \times 3 - 10 \\
&= 33 \times 3 - 10 \\
&= 99 - 10 \\
&= 89
\end{aligned}
$$

練習 3 等差数列の和への持ち込み

次の計算をできるだけ速く暗算で行ってください。

各問とも制限時間20秒

(1)　$20 + 13 + 18 + 17 + 16 =$

(2)　$27 + 24 + 29 + 29 + 25 =$

(3)　$41 + 34 + 35 + 45 + 40 =$

(4)　$37 + 35 + 38 + 41 + 36 =$

練習 3 解答

(1)　$20+13+18+17+16$

$=(20+\mathbf{19}+18+17+16)-\mathbf{6}$

$=18\times5-6=84$

(2)　$27+24+29+29+25$

$=(24+25+\mathbf{26}+27+\mathbf{28})+(\mathbf{3}+\mathbf{1})$

$=26\times5+4=134$

(3)　$41+34+35+45+40$

$=(\mathbf{30}+35+40+45+\mathbf{50})+(\mathbf{4}-\mathbf{9})$

$=40\times5-5=195$

(4)　$37+35+38+41+36$

$=(35+36+37+38+\mathbf{39})+\mathbf{2}$

$=37\times5+2=187$

「まんじゅう数え上げ方式」

さて，次のような数字の並びの計算はどうしますか？

例題⑥　$1+7+5+8+1+9+1+2+6=$ ？

これらの数をよく見ると，1とか2とかがなければ今までの等差数列への持ち込みができることに気がつきます。そこでこの場合は，まず大きい数だけ計算します。

$7+5+8+9+6=7\times5=35$

残りの1＋1＋1＋2は，まんじゅうだと思って数えていきます。これを「まんじゅう数え上げ方式」と呼びます。

○　＋　○　＋　○　＋　(○，○)
「36」　「37」　「38」　「39，40」

すなわち，この計算の答えは40です。このように「計算」と聞くとややこしそうでも，目の前のまんじゅうを数えるのなら楽しくて単純だと思いませんか？

次の例はどうでしょう？

例題⑦　**24＋12＋36＋24＋12＋24＋12＋36＝ ？**

これらはすべて12の倍数ですので，12が1つのまんじゅうだと思って指さししながら数えていきます。

24　＋12＋　36　＋　24　＋12＋　24　＋12＋　36
＝○○＋○＋○○○＋○○＋○＋○○＋○＋○○○
「1, 2」「3」「4, 5, 6」「7, 8」「9」「10, 11」「12」「13, 14, 15」
＝15 × 12
＝180

練習 4 まんじゅう数え上げ方式

次の計算をできるだけ速く暗算で行ってください。

各問とも制限時間20秒

(1)　$12 + 15 + 1 + 14 + 1 + 14 + 3 + 16 =$

(2)　$22 + 2 + 26 + 28 + 2 + 30 + 1 + 26 =$

(3)　$56 + 5 + 28 + 9 + 28 + 14 + 14 =$

(4)　$26 + 68 + 39 + 24 + 65 + 39 =$

(5)　$41 + 23 + 61 + 82 + 59 + 98 =$

【ヒント】

(1) 2つある14のうち1つだけ$13 + 1$と考えて12，13，…，16をかけ算に，残りを数え上げ。

(2) 2つある26のうち1つだけ$24 + 2$と考えて22，24，…，30をかけ算に，残りを数え上げ。

(3) 14を1個のまんじゅうと考えて数え上げ。$5 + 9 = 14$も1個のまんじゅう。

(4) 13の倍数が多いので，13を1個のまんじゅうと考えて数え上げ。

(5) 20の倍数からの和と差ですべてをとらえなおしてまんじゅう数え上げに持ち込む。

練習 4 解答

(1) $12 + 15 + 1 + 14 + 1 + 14 + 3 + 16$

$= (12 + \mathbf{13} + 14 + 15 + 16) + \mathbf{1} + (1 + 1 + 3)$

$= 76$

(2) $22 + 2 + 26 + 28 + 2 + 30 + 1 + 26$

$= (22 + \mathbf{24} + 26 + 28 + 30) + \mathbf{2} + (2 + 2 + 1)$

$= 137$

(3) $56 + 5 + 28 + 9 + 28 + 14 + 14$

$= 14 \times (4 + 2 + 2 + 1 + 1 + \mathbf{1})$

$= 154$

(4) $26 + 68 + 39 + 24 + 65 + 39$

$= (26 + \mathbf{65} + 39 + \mathbf{26} + 65 + 39) + (\mathbf{3} - \mathbf{2})$

$= 13 \times (2 + 5 + 3 + 2 + 5 + 3) + 1$

$= 261$

(5) $41 + 23 + 61 + 82 + 59 + 98$

$= 20 \times (2 + 1 + 3 + 4 + 3 + 5)$

$+ (1 + 3 + 1 + 2 - 1 - 2)$

$= 364$

足し算は計算視力で「グループ化」

ある程度大きな数の和は，「平均値」や「等差数列」などでかけ算に持ち込み，場合によっては「まんじゅう数え上げ方式」を使うとよいことがわかりました。また，小さな数の和も，「まんじゅう数え上げ方式」を使えば簡単に計算できることがわかりました。

では，少し大きな10前後ぐらいの数を10個以上足すときは，どうすればよいでしょう？　このときには「グループ化」が役に立ちます。次の例をご覧ください。

$$7+6+5+6+6+8+13+12+5+13+$$
$$15+12+11+9+14+5=$$

このようなときに「グループ化」を用います。「グループ化」とは，足し算のしやすいものどうしをグループに分けてやることです。例えば，1の位が0になるものどうしを計算視力で探します。

$$7+6+5+(6+6+8)+(13+12+5)+$$
$$(13+15+12)+(11+9)+14+5$$

さらに最初のほうとか最後のほうに残っている部分を，結びつけてやります。

$= (6 + 14) + (5 + 5) + (6 + 6 + 8) +$
$(13 + 12 + 5) + (13 + 15 + 12) +$
$(11 + 9) + 7$

あとはまんじゅう数え上げ方式で数えます。

〇〇，　〇，　〇〇，
(6 + 14)　(5 + 5)　(6 + 6 + 8)
〇〇〇，　〇〇〇〇，　〇〇　+ 7
(13 + 12 + 5)　(13 + 15 + 12)　(11 + 9)
= 147

いかがでしょう？　筆算だとグループどうしで円で囲んだり線でつないだりすればよいのですが，計算視力を使った暗算だと少し難しいかも知れませんね。ですが，これも慣れてくれば計算のやり方が見えるようになってきます。電車の車内広告に書いてある電話番号の数字を全部足してみるなど，普段から練習するようにするのも手です。

それから，1の位が0になるようにグループ化できない場合には，1の位が1とか2といった小さな数になるようにグループ化すると，あとでその端数をまんじゅう数え上げ方式で補うことができます。次の例を見てください。

$$\begin{aligned}&3 + 9 + 3 + 8 + 3 + 6 + 3 + 6 + 8\\ &= (3 + 9) + (3 + 8) + (6 + 6 + 8) + 3 + 3\\ &= 12 + 11 + 20 + 6\\ &= 49\end{aligned}$$

もちろん例にあげたグループ化はほんの一例です。自分が足しやすいように，うまく組み合わせていってみてください。ともかくグループで数をとらえることが大切なのです。どのような数でまとめるか，瞬時に判断できるかどうかは計算視力にかかっています。

コツ 10

中途半端な大きさの数の足し算は，
グループ化でまんじゅう数え上げ方式に持ち込む。

練習 5 グループ化

以下の計算を暗算できるよう練習してください。

各問とも制限時間30秒

(1)　$6+6+8+2+9+2+5+5+4+5+$
$2+4+6+12=$

(2)　$6+5+2+14+6+6+5+2+8+$
$14+2+4+5+12+8+9+5+7=$

練習 5 解答（グループ化の方法はほんの一例です）

(1)　$6+6+8+2+9+2+5+5+4+5+2+4+6+12$

$= (6+6+8)+2+9+2+(5+5)+$

$4+5+2+(4+6)+12$

$= (6+6+8)+2+2+(5+5)+$

$(9+4+5+2)+(4+6)+12$

$= 20+10+20+10+2+2+12 = 76$

(2)　$6+5+2+14+6+6+5+2+8+$

$14+2+4+5+12+8+9+5+7$

$= (6+5+2)+(14+6)+(6+5)+(2+8)$

$+(14+2+4)+5+(12+8)+9+5+7$

$= 13+20+11+10+20+20+9+$

$(5+5)+7$

$= 120$

グループ化・まんじゅう数え上げ方式の使い分け

「グループ化」という手法は，ある程度，足し算する値が散らばっているときに有効です。というのは，8があって，別のところに2があったとき，それら2つをグループ化して10にすることで足し算が楽になるからです。

しかし，1の位が7とか8とか9ばかり，というようなときもよくあります。例えば，

9 + 18 + 17 + 19 + 29 + 48 + 38 + 29 + 19 =

こうなってくると，どうグループ化しようとしてもうまくいきません。そこで再び登場するのが，「まんじゅう数え上げ方式」です。すなわち，この手の足し算では「グループ化」と「まんじゅう数え上げ方式」をうまく使い分けることが重要なのです。

この計算の場合，まず10を1個のまんじゅうとして，すべての数を大まかに数えます。

9	+ 18	+ 17	+ 19	+ 29	+ 48	+ 38	+ 29	+ 19
○	+ ○	+ ○	+ ○	+ ○	+ ○	+ ○	+ ○	+ ○
	○	○	○	○	○	○	○	○
				○	○	○	○	
					○	○		
					○			

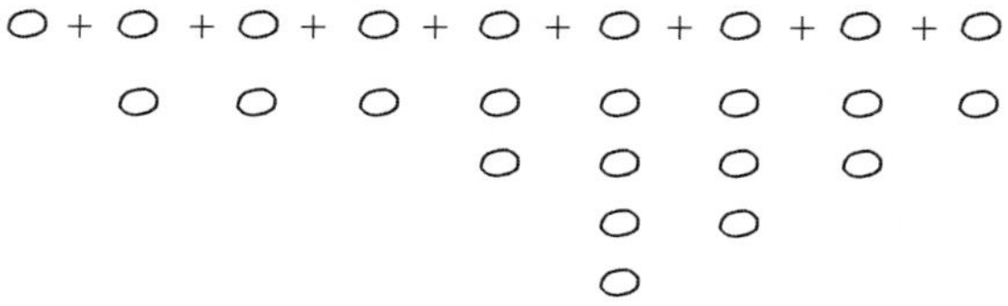

この場合は合計24個のまんじゅうがあります。そこから足しすぎた分を引いてやるのです。すなわち，

$$
\begin{aligned}
&9 + 18 + 17 + 19 + 29 + 48 + 38 + 29 + 19 \\
&= 240 - (1 + 2 + 3 + 1 + 1 + 2 + 2 + 1 + 1)
\end{aligned}
$$

…（かっこの中もまんじゅう数え上げ方式で計算）

$$
\begin{aligned}
&= 240 - 14 \\
&= 226
\end{aligned}
$$

コツ \11/

1の位が7，8，9であるような数ばかりを足すときは，まんじゅう数え上げ方式で引き算に持ち込む。

練習 6　まんじゅう数え上げ方式で引き算に持ち込む

以下の計算を暗算できるよう練習してください。

各問とも制限時間20秒

(1)　18 + 38 + 29 + 39 + 57 + 37 + 29 + 9 + 27 =

(2)　128 + 278 + 138 + 158 + 248 + 328 =

練習 6 解答

(1)　$18 + 38 + 29 + 39 + 57 + 37 + 29 + 9 + 27$

$= (20 + 40 + 30 + 40 + 60 + 40 + 30 + 10 + 30)$

$- (2 + 2 + 1 + 1 + 3 + 3 + 1 + 1 + 3)$

$= 300 - 17$

$= 283$

(2)　$128 + 278 + 138 + 158 + 248 + 328$

$= (130 + 280 + 140 + 160 + 250 + 330)$

$- (2 + 2 + 2 + 2 + 2 + 2)$

$= 1290 - 12$

$= 1278$

分数の足し算もグループ化

次の例をご覧ください。

$$\frac{1}{6}+\frac{1}{7}+\frac{1}{3}+\frac{1}{8}=$$

こういう分数の足し算は「とりあえず通分をしなさい」と学校では習います。では通分をすると分母はいくつになるでしょう？　最初から素直に計算していくと，6と7と3と8の最小公倍数，すなわち168となるのですが，

$$\frac{1}{6}+\frac{1}{7}+\frac{1}{3}+\frac{1}{8}$$

$$=\frac{28}{168}+\frac{24}{168}+\frac{56}{168}+\frac{21}{168}$$

$$=\frac{(28+24+56+21)}{168}$$

$$=\frac{129}{168}$$

$$=\frac{43}{56}$$

とやると，暗算するのは結構面倒です。特に6や7や8の1桁の分母が，通分すると168という3桁の数になってしまっては，かなり大変な作業です。筆算をするにしても，計算量が多く，計算間違いをする可能性が高まります。

実は分数にも，足し算の相性のよいものと悪いものがあ

ります。この例題の場合だと，$\frac{1}{6}$ と $\frac{1}{3}$ は相性がよく，先に足してしまうと $\frac{1}{2}$ となって計算がかなり楽になります。さらにその $\frac{1}{2}$ は，そのまま $\frac{1}{7}$ と足すより，後ろの $\frac{1}{8}$ と足したほうが，ずっと計算が簡単です。すなわち，

$$
\begin{aligned}
&\frac{1}{6}+\frac{1}{7}+\frac{1}{3}+\frac{1}{8} \\
&=\left\{\left(\frac{1}{6}+\frac{1}{3}\right)+\frac{1}{8}\right\}+\frac{1}{7} \\
&=\left(\frac{1}{2}+\frac{1}{8}\right)+\frac{1}{7} \\
&=\frac{5}{8}+\frac{1}{7} \\
&=\frac{35+8}{56} \\
&=\frac{43}{56}
\end{aligned}
$$

となります。

要は，分母をざっと見渡して，通分したときに大きな分母にならないようなものだけを先に足すのです。場合によってはそれが約分できて，より簡単な分数になる場合があるので，それを使わない手はありません（上の例題の場合

は$\frac{1}{6}+\frac{1}{3}=\frac{1}{2}$)。

コツ 12

分数の足し算は，分母を見てグループ化に持ち込む。

練習 7　分数の足し算

以下の計算を暗算できるよう練習してください。

各問とも制限時間20秒

(1)　$\frac{4}{3}+\frac{1}{5}+\frac{5}{12}+\frac{3}{20}=$

(2)　$\frac{2}{21}+\frac{4}{3}+\frac{3}{14}+\frac{1}{6}=$

練習 7 解答

(1) $\dfrac{4}{3}+\dfrac{1}{5}+\dfrac{5}{12}+\dfrac{3}{20}$

$$=\left\{\left(\frac{4}{3}+\frac{5}{12}\right)+\frac{3}{20}\right\}+\frac{1}{5}$$

$$=\left\{\left(\frac{16}{12}+\frac{5}{12}\right)+\frac{3}{20}\right\}+\frac{1}{5}$$

$$=\left(\frac{7}{4}+\frac{3}{20}\right)+\frac{1}{5}$$

$$=\left(\frac{35}{20}+\frac{3}{20}\right)+\frac{1}{5}$$

$$=\frac{19}{10}+\frac{2}{10}$$

$$=\frac{21}{10}$$

(2)　$\frac{2}{21}+\frac{4}{3}+\frac{3}{14}+\frac{1}{6}$

$=\left\{\left(\frac{4}{3}+\frac{1}{6}\right)+\frac{3}{14}\right\}+\frac{2}{21}$

$=\left\{\left(\frac{8}{6}+\frac{1}{6}\right)+\frac{3}{14}\right\}+\frac{2}{21}$

$=\left(\frac{3}{2}+\frac{3}{14}\right)+\frac{2}{21}$

$=\left(\frac{21}{14}+\frac{3}{14}\right)+\frac{2}{21}$

$=\frac{12}{7}+\frac{2}{21}$

$=\frac{36}{21}+\frac{2}{21}$

$=\frac{38}{21}$

引き算の基本は「おつりの勘定」

足し算・引き算をいちばんよく使う場面は，おそらく買い物のときでしょう。特にスーパーマーケットなどで複数の商品をレジに持っていって，高額紙幣を出しておつりをもらうような状況の場合，売り手，買い手の双方にちょっとした緊張が走ります。計算間違いや数え間違いが，そのまま損得に直結するからです。

ここからは引き算について詳しく見ていきます。まず，すべての引き算の基本でもある「おつりの勘定」の際の計算に焦点をあてて考えてみましょう。

例えば，2845円の商品を購入して1万円札を出す場合，みなさんはどのように計算しますか？

小学校で習う筆算をそのまま使う場合，この10000－2845という計算は「繰り下がり」が各位で必要となり，結構面倒です。そこで以下のように計算視力を働かせます。

$$10000 = 9999 + 1$$

つまり，10000－2845は以下のようになります。

$$\begin{aligned} 10000 - 2845 &= (9999 + 1) - 2845 \\ &= (9999 - 2845) + 1 \\ &= 7154 + 1 \\ &= 7155 \end{aligned}$$

すなわち10000＝9999＋1と置き換えることで，どんな数が来ても繰り下がりが必要のない計算に持ち込めるのです。

もちろんこの引き算を速く計算するためには，以下の4つの組を完全に覚え込まないといけません。

1＋8＝9，2＋7＝9，3＋6＝9，4＋5＝9

では練習してみましょう。

練習 8　おつりの勘定の計算視力

次の計算をできるだけ速く暗算で行ってください。

各問とも制限時間３秒

（1）　10000 － 5234 ＝

（2）　10000 － 7293 ＝

（3）　100000 － 42938 ＝

（4）　10000 － 398 ＝

（5）　100000 － 64928 ＝

練習 8 解答

(1)　$10000 - 5234 = (9999 - 5234) + 1 = 4766$

(2)　$10000 - 7293 = (9999 - 7293) + 1 = 2707$

(3)　$100000 - 42938 = (99999 - 42938) + 1$
$= 57062$

(4)　$10000 - 398 = (9999 - 398) + 1 = 9602$

(5)　$100000 - 64928 = (99999 - 64928) + 1$
$= 35072$

どんな引き算でもへっちゃら「両替方式」

さて，次はもう少しややこしい引き算です。例えばスーパーマーケットで7997円支払いたいとき，財布の中を見てみると1万円札1枚，5000円札1枚，小銭が361円，合計1万5361円あります。どう支払いますか？

もちろんあなたは1万円札1枚を支払って，おつりをもらうことでしょう。おつりの計算は前節で練習したばかりです。2003円のおつりを札入れと小銭入れに入れて，残金は2003 + 5361 = 7364円です。

自然とこうするクセが身についているので，とりあえず1万円札が財布の中に入っていたら安心です。

なのに「15361 − 7997を計算しなさい」というと，たいていの人は筆算を始めます。本来ならその存在が安心を与えるはずの万の位の「1」が，むしろ不安をかき立ててしまうのです。

15361 − 7997を筆算するときの計算動作をよく考えてみると，1の位から順番に大きい位のほうに計算を移していくことに気づきます。これは，裏を返せば「足りるはずのない小銭」から引き算をし，足りなくなったら1万円札をくずすようなもので，計算が二度手間となります。できる限りこれは避けるべきです。

すなわち，筆算で繰り下がりが多そうな引き算はとりあえずその1桁多い札から支払って，おつりを足すようにすればいいのです。これを筆者は「両替方式」と呼んでいます。

ちなみに「両替方式」というネーミングはバスに乗ったときの「両替」から名づけたものです。小銭が足らなかったら紙幣や少し大きな硬貨を両替すると思いますが，それがちょうどこの引き算の方式と同じなのです。

次の例を見てください。

例題⑧　5234 − 686 = ？

この場合は686円を支払うために，5234円の中から1000円札を1枚くずし，残り（4234円）を足せばいいのです。

1000 − 686 = 314

この314円を残りの4234円に加えて，

4234 + 314 = 4548

となります。少し複雑ですが，「両替方式」も練習をすれば慣れてきます。

ところで「両替方式」に限りませんが，少し複雑な引き算や足し算を暗算で行う場合，計算の途中経過をできるだけ口に出すようにすると，計算がスムーズに進みます。

この問題の場合，

「1000円から686円を支払うと314円のおつり。それと残りの4234円を合わせて，4548円……」

と声に出すことで，ややこしい引き算も解けるようになるものです（声に出して計算する場合，まわりの人の迷惑にならないように注意してください）。

コツ 13

繰り下がりが多そうな引き算は「両替方式」で。

練習 9 両替方式の計算視力

以下の計算をできる限り速く暗算で行ってください。

(1)～(3) は制限時間5秒，(4)～(7) は10秒

(1)　154 − 68 =

(2)　268 − 192 =

(3)　382 − 169 =

(4)　1523 − 546 =

(5)　2427 − 1698 =

(6)　3691 − 1899 =

(7)　16238 − 7361 =

練習 9 解答

(1)　$154 - 68 = 54 + 32 = 86$

(2)　$268 - 192 = 68 + 8 = 76$

(3)　$382 - 169 = 182 + 31 = 213$

(4)　$1523 - 546 = 523 + 454 = 977$

(5)　$2427 - 1698 = 427 + 302 = 729$

(6)　$3691 - 1899 = 1691 + 101 = 1792$

(7)　先に上4桁の $1623 - 736$ を計算し，1の位を計算してつけ足す。

$1623 - 736 = 623 + 264 = 887$（上4桁）

$8 - 1 = 7$（1の位）

$8870 + 7 = 8877$

かけ算と引き算の合わさった計算は「コイン支払い方式」で

次の計算をできるだけ早く暗算してみてください。

例題⑨　**$800-97\times8=$ ？**

「97×8なんて，どうやって計算するの？」と思われた方もいらっしゃるかもしれません。正直「97×8」という計算だけなら意外と面倒です。

ところがこんなふうに，800から引く部分にくっつくだけで，この計算は非常に簡単になります。具体的にはこのように計算します。

$$\begin{aligned}800-97\times8&=100\times8-97\times8\\&=(100-97)\times8\\&=3\times8\\&=24\end{aligned}$$

すなわち，97×8なんて計算をしなくても，答えが出てくるということです。

こんな計算をどうやって思いつくのだろう，と思われるかもしれませんが，実はこんな状況を想像すれば納得がいくはずです。

例えば，財布に100円コインが8枚，800円入っているときに，97円の商品を8個買うと財布の中にいくら残るのか，知りたいときはありませんか？　これがまさに例題9

の800 − 97 × 8の計算なのです。

もちろん一挙に買うと，800円を出しておつりをもらうわけで，800 − 97 × 8となります。ですが，もしもこの商品を1個ずつ購入するならば，100円コインを出しておつりをもらうことを8回繰り返すことになります。すなわち，3円を8回おつりとしてもらうので，3 × 8 = 24すなわち財布に24円残ることが容易にわかります。

こんなふうに考えることで，かけ算と引き算の合わさった計算をすぐに計算できるのです。これを「コイン支払い方式」と呼ぶことにしましょう。

もう1問，練習してみましょう。

例題⑩ **400 − 47 × 8 = ?**

この場合は，400を「50円コイン8枚」と考えるとうまくいきます。すなわち，47円のチョコを8個買うのに，400円を一挙に出すのではなく，50円コイン1枚で47円のチョコを1個買うことを8回繰り返すのです。

$$
\begin{aligned}
400 - 47 \times 8 &= 50 \times 8 - 47 \times 8 \\
&= (50 - 47) \times 8 \\
&= 3 \times 8 \\
&= 24
\end{aligned}
$$

このように「財布の中の金額」によっては「コイン支払い方式」で簡単に暗算ができます。ぜひ計算視力で見抜く練習をしてください。

コツ 14

かけ算と引き算の合わさった計算をするときは「コイン支払い方式」で。

練習 10 コイン支払い方式

以下の計算で計算視力の練習をしてください。

各問とも制限時間５秒

(1)　$400 - 4 \times 87 =$

(2)　$900 - 94 \times 9 =$

(3)　$800 - 4 \times 189 =$

(4)　$300 - 46 \times 6 =$

(5)　$1500 - 296 \times 5 =$

(6)　$600 - 143 \times 4 =$

練習 10 解答

(1)　$400 - 4 \times 87 = 4 \times (100 - 87)$
$= 4 \times 13 = 52$

(2)　$900 - 94 \times 9 = 9 \times (100 - 94)$
$= 9 \times 6 = 54$

(3)　$800 - 4 \times 189 = 4 \times (200 - 189)$
$= 4 \times 11 = 44$

(4)　$300 - 46 \times 6 = 6 \times (50 - 46)$
$= 6 \times 4 = 24$

(5)　$1500 - 296 \times 5 = 5 \times (300 - 296)$
$= 5 \times 4 = 20$

(6)　$600 - 143 \times 4 = 4 \times (150 - 143)$
$= 4 \times 7 = 28$

「コイン支払い方式」でさらに難しい計算

前節では，かけ算と引き算からなる計算で「コイン支払い方式」を使うことを説明しました。では次のような場合はどうすればよいでしょう？

例題 ⑪　$700-188\times3=$?

この問題の場合，前節の例題9や10のように，財布の中の700円を全て使うと「コイン支払い方式」にうまく持ち込むことができません。でも次のように考えることで「コイン支払い方式」で簡単に計算することができます。

188円の牛乳を1パック買うのに必要なコインは200円ですから，牛乳を3パック買うためには200円×3＝600円が必要です。すなわち，財布の中にある700円のうち，支払いに使う600円だけを用いて「コイン支払い方式」（12円を3回おつりとしてもらう）に持ち込めばよいのです。式にするとこんな感じになります。

$$\begin{aligned}700-188\times3&=(100+600)-188\times3\\&=100+(\underline{200\times3-188\times3})\\&\qquad\text{（↑コイン支払い方式）}\\&=100+3\times(200-188)\\&=100+3\times12\\&=100+36\\&=136\end{aligned}$$

いかがですか？　こんな感じでコイン支払い方式に持ち込む手法に慣れたら，次のような難しそうな問題も計算視力を使って暗算で解くことが可能になります。

例題⑫　$516 - 48 \times 8 =$ ？

一見かなり難しそうな計算ですが，よく考えてみてください。48円のチョコを1個買うのに必要なコインは50円ですから，チョコを8個買うには50円×8＝400円使うことになります。すなわち，財布の中の516円のうち400円だけを使って「コイン支払い方式」に持ち込むことになります。

$$\begin{aligned}516 - 48 \times 8 &= (116 + 400) - 48 \times 8 \\ &= 116 + (\underline{50 \times 8 - 48 \times 8}) \\ &\qquad (\uparrow \text{コイン支払い方式}) \\ &= 116 + 8 \times (50 - 48) \\ &= 116 + 8 \times 2 \\ &= 116 + 16 \\ &= 132\end{aligned}$$

このように「コイン支払い方式」はかなり強力です。ぜひよく練習してみてください。

コツ 15

複雑な数字のかけ算と引き算の合わさった計算をするときもうまく「コイン支払い方式」に持ち込む。

練習 11　複雑なコイン支払い方式

以下の計算で計算視力の練習をしてください。

各問とも制限時間10秒

(1)　$600 - 5 \times 89 =$

(2)　$1000 - 194 \times 4 =$

(3)　$500 - 8 \times 46 =$

(4)　$1200 - 7 \times 97 =$

(5)　$300 - 49 \times 5 =$

(6)　$1010 - 93 \times 7 =$

(7)　$813 - 193 \times 3 =$

(8)　$1642 - 296 \times 5 =$

練習 11 解答

(1) $600 - 5 \times 89 = (100 + 500) - 5 \times 89$
$= 100 + 5 \times (100 - 89)$
$= 100 + 55 = 155$

(2) $1000 - 194 \times 4 = (200 + 800) - 194 \times 4$
$= 200 + 4 \times (200 - 194)$
$= 200 + 24 = 224$

(3) $500 - 8 \times 46 = (100 + 400) - 8 \times 46$
$= 100 + 8 \times (50 - 46)$
$= 100 + 32 = 132$

(4) $1200 - 7 \times 97 = (500 + 700) - 7 \times 97$
$= 500 + 7 \times (100 - 97)$
$= 500 + 21 = 521$

(5) $300 - 49 \times 5 = (50 + 250) - 49 \times 5$
$= 50 + 5 \times (50 - 49)$
$= 50 + 5 = 55$

(6) $1010 - 93 \times 7 = (310 + 700) - 93 \times 7$
$= 310 + 7 \times (100 - 93)$
$= 310 + 49 = 359$

(7) $813 - 193 \times 3 = (213 + 600) - 193 \times 3$
$= 213 + 3 \times (200 - 193)$
$= 213 + 21 = 234$

(8) $1642 - 296 \times 5 = (142 + 1500) - 296 \times 5$
$= 142 + 5 \times (300 - 296)$
$= 142 + 20 = 162$

第3章

損得勘定も計算力のうち

計算視力を応用してみよう

ここまでかけ算や足し算の計算視力を鍛える方法を多く見てきました。ここからは趣を変えて，日常生活で使える計算視力について見てみましょう。

日々の生活を振り返ってみると，意外と「損得」を考えながら計算していることが多くないでしょうか。仕事中やお店での買い物，それに同僚との食事のシーンなど，私たちはさまざまな場面で損か得かを瞬時に判断しながら行動しているものです。そんな際，計算視力を駆使してある程度の答えを出し，それを念頭に損得の判断ができるといいですよね。

そこで本章では，勘定をする場面など，損得の判断が求められるシーンを想定した問題を取り上げます。実生活では勘定などで計算を必要とする場合，きれいに割り切れなかったり，端数が出て一瞬で計算できないことも多いのですが，こうした計算を難なくこなすには，普段からさまざまな状況を想定して練習しておくことが必要です。また，1円単位まで正確に計算することよりも，むしろスピードが要求されるので，いま何を優先して計算するべきなのかといった，問題の全体像を捉えることも重要です。

ここにあげた場面ごとの計算のコツがつかめれば，実生活での計算視力は飛躍的にアップします。ぜひ自分がその場を取り仕切る役になったつもりで練習してみてください。

平均をさっと出す方法

商売をしている人や，学校や塾の先生には，多くの数字を平均しないといけない場面がよくあります。もちろん正確な値を出すためには，すべてのデータを足し算してデータの個数で割り算すればいいのですが，そんなことをせずに目分量で平均を求めたいことだってあるでしょう。

そこで，ここでは少し簡単な例を見てみましょう。

例題①　10点満点の漢字テストを20人の学生にしてみたところ，次のような結果でした（単位：点）。テストの平均点をできるだけ早く求めてください。

5，2，3，3，7，　6，4，6，4，5，
6，4，3，5，5，　8，4，5，3，7

こういうとき，どう計算すればいいでしょうか。ここでは具体的に3つのとっておきな方法を紹介します。

レンジ・メディアン（範囲の中間値）

まずデータをざっと眺めて，すぐに平均の見積もりができる「レンジ・メディアン」という手法を伝授しましょう。

統計学では，レンジは範囲，メディアンは中間値という意味で別々に使われます。「レンジ・メディアン」というのは，これらを組み合わせた筆者の造語です。

メディアンとはデータを大きい順番に並べたときの中央

の値を指します。これは平均にかなり近い数値であることが多いのですが，一方データが多すぎると並べ替えるのに時間がかかるという難点があります。

データを見て，最大値と最小値を抜き出し，データの中間値をさっと見積もることができるのが「レンジ・メディアン」です。

この場合，「最大値が8点，最小値が2点なので，レンジ・メディアンは $(8+2)\div 2=5$，すなわち，平均値は5点ぐらいかな？」とします。少しいい加減な気もするのですが，意外と実際の平均値に近いことが多いのです。

実際にすべての点数を合計して，人数で割ると，

$$
\begin{aligned}
&(5+2+3+3+7+6+4+6+4+5+6\\
&\quad +4+3+5+5+8+4+5+3+7)\div 20\\
&=95\div 20=4.75
\end{aligned}
$$

となり，レンジ・メディアンが実際の平均値とかなり近いことがわかります。

例えば採点終了直後に，先生が全答案をパラパラとめくって平均点を概算したいとき，飲食店でレジの集計をしながら，客1人あたりの平均売り上げをさっと知りたいとき，あるいは大勢の客の平均年齢を知りたいときなどに，使えるかもしれません。

ただし，異常な値（極端に大きい数や小さい数）が紛れ込むと，一挙に値が不正確になることもあります。あくまでも参考程度にしておいたほうがいいでしょう。

モード（最頻値）

モードには，フランス語で「流行」という意味がありますが，ここでは「最もデータが集まっている部分」を平均としよう，という考え方です。

データをある程度整理して表にしてみると，だいたい平均ぐらいのところにたくさんデータが集まっている，という考え方が根底にあります。グラフにしてみてきれいな山型をしているデータのときには，この法則がほぼあてはまります。

例題1のデータを目で眺めてみると，

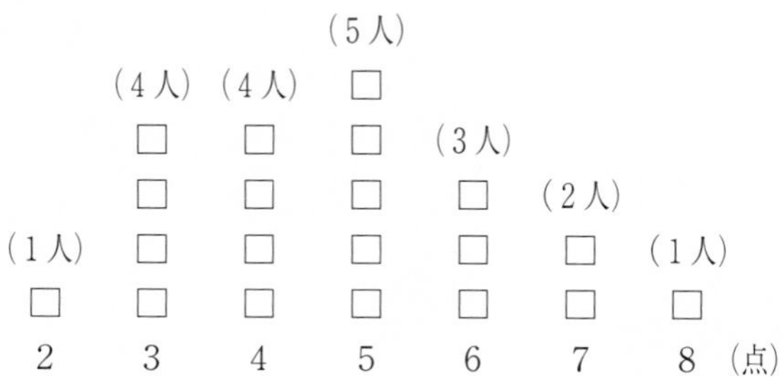

というふうにほぼ山型をしており，真ん中の5点が一番人数が多いので，平均は5点ぐらいかな，ということがわかります。

一方，データ分布の形がきれいな山型になっていないときは少し注意が必要です。

およその平均からの過不足で計算する

正確に平均を出す必要がある場合には，いまから説明する「ブロック方式」が役に立つことがあります。レンジ・メディアンやモードなどでおよその平均のめぼしをつけたあと，そこからの過不足で各データを捉えなおす方法です。

先ほどの例題の場合，平均はおよそ5点ぐらいだと予想されたので，全データを5からの過不足で捉えなおすと，

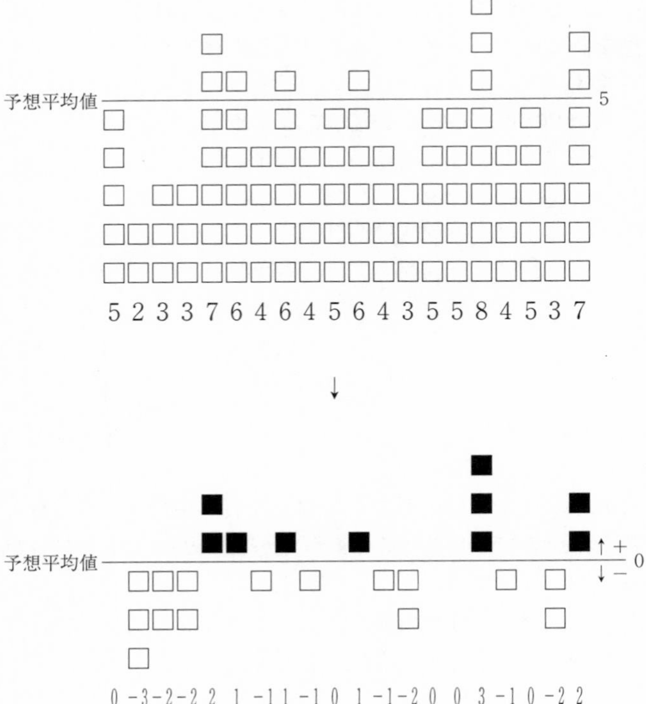

と変換されます。2段目の過不足分の平均を求めて，はじ

めに予想した平均点（5点）に加えてやればよいのです。

過不足分の平均：$(0-3-2-2+2+1-1+1-1+0+1-1-2+0+0+3-1+0-2+2)\div 20$
$=-5\div 20=-0.25$
予想した平均点5に加える：$5-0.25=4.75$

このようにデータからおよその平均を目分量で求めて，そこから正確な平均を求める手法を「ブロック方式」と呼ぶことにします。なぜ「ブロック」なのかというと，無造作に積まれたブロック（煉瓦）をきれいに積みなおす作業に似ているからです。

先ほどの例だと，5，2，3，3，7，6，4，6，4，5，…というのを，

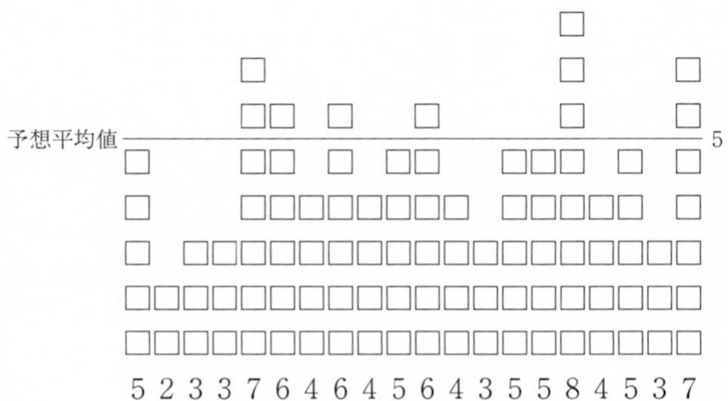

こんなふうにブロックが積まれているとすると，この飛び

出した部分を凹んでいる部分に積み替えていくのです。

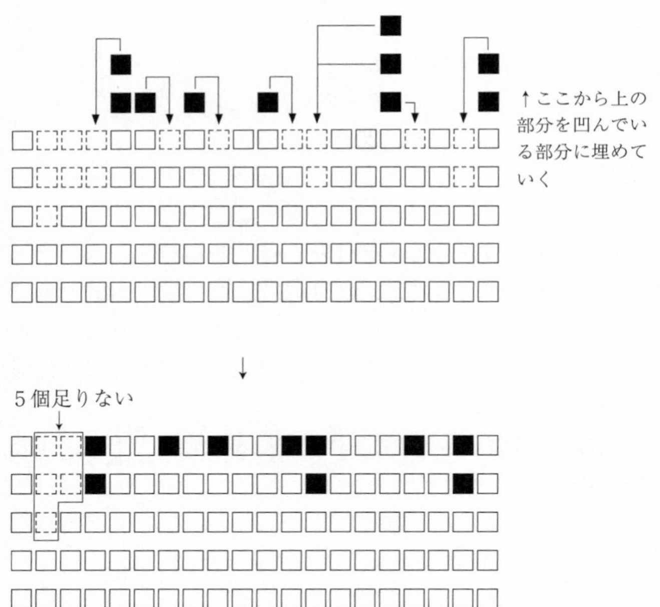

こうすると，平均がぴったり5となるためにはブロックが5個足りないことがわかります。この足りない5個分を20のデータで均等に分担すれば，高さ4.75の壁が出来上がる，というわけです。

なお，ブロック方式の練習は，電車でもできます。車内広告などに電話番号が書いてあったら，その電話番号で使われている数の平均を目だけで求めるのです。

例えば，電話番号で，○○○○－6934というような番号をみかけたら，即座にブロックを頭の中に思い描いて，ブロックを移動していきます。この場合，6，9，3，4のレンジ・メディアンが6なので，これを基準に考えると，

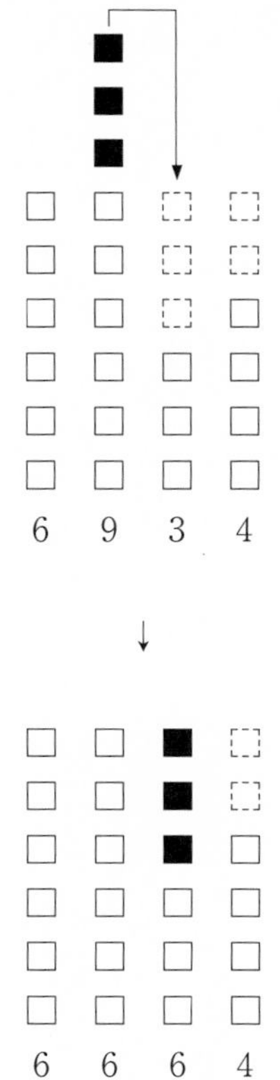

こんな感じで，ブロックが2個足りないことがわかるの

で，$6-2\div4=5.5$が答えだとわかります。

コツ 16

平均を求めるときは，臨機応変に
レンジ・メディアン（範囲の中間値），
モード（最頻値），ブロック方式を使い分ける。

練習 1 平均

次のデータから，レンジ・メディアン（範囲の中間値），モード（最頻値），ブロック方式，のそれぞれの方式で，平均を暗算で出してみてください。

ある野球チーム20試合の得点

2, 4, 0, 3, 0,　　0, 4, 2, 1, 3,
2, 5, 2, 2, 3,　　4, 1, 1, 0, 2

練習 1 解答

目である程度スキャンしていきます。このとき，

・レンジ・メディアンだと，0と5の真ん中で2.5。

・モードだと，2が一番多いので2。

・ブロック方式だとつぎのような図を考える。ここでは暫定の平均を2と考えて，

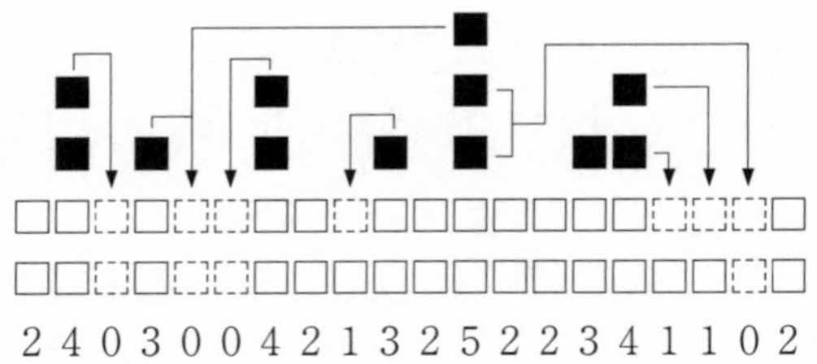

↓

ブロックが1個あまるので平均は，

$$2 + 1 \div 20 = 2.05$$

焼き鳥屋カウント

「今日は俺がおごるよ！　いくらでも食べて元気を出して！」などと言いながら，仕事で大ミスをした後輩を焼き鳥屋さんに連れて行く，なんていう光景を思い浮かべてみてください。もちろん，そういう状況は部下が増えるにつれて多くなるはずです。

実際に焼き鳥屋に入って，後輩から「じゃ，お言葉に甘えて，遠慮なくいただきます」なんて言われて追加注文しているところで，「いまいくらぐらいなんだろう？」なんて，内心冷や冷やしながら後輩の前で計算をするわけにはいきません。

こんなときのために，次に紹介する「焼き鳥屋カウント」を覚えておきましょう。意外と役に立ちますよ。

まず，お店に入って「何にしようかな」などと言いながら，メニューをチェックします。このとき，焼き鳥の値段を大まかに把握します。例えば焼き鳥の値段がこんなふうだったとしましょう。

このメニューを見て，即座に焼き鳥1本の平均の値段を計算するわけです。もちろん，前節で紹介した「レンジ・メディアン」や「モード」が活躍します。

まずレンジ・メディアン。このお店の一番高い焼き鳥1本の値段は名古屋コーチンの300円，一番安いのは皮などの150円ですので，レンジ・メディアンだと最大値と最小値から，(300 + 150) ÷ 2 = 225円となります。

また，モードなら「ねぎま」「レバー」「砂ぎも」「ハツ」の4種類がある200円が一番多いので，200円となります。

この2つの方法から，焼き鳥の平均は1本 = 200円ぐらいと考えてよいことがわかります。

さて，後輩と語り合いながら焼き鳥をどんどん平らげると，串がたまっていきます。店員さんが回収に来る前に，こまめに何本食べたかチェックしておきます。飲んだお酒やその他のサイドディッシュもだいたい覚えておいて，あとから適当につけ加えればよいわけです。

しばらく食べたり飲んだりしたところで，「2人で焼き鳥を20本食べたから200円 × 20本 = 4000円，ビール2杯で1000円だから，とりあえず5000円だなぁ」というようなことをおぼろげに考えます。

かわいい後輩がさらに，「先輩，何か注文してもいいですか？」なんていうときは少し計算法を変えて，一番高い焼き鳥の値段で計算します。「これからしばらく食べて飲んでもせいぜい焼き鳥10本，名古屋コーチン300円を10本注文したとしても3000円，ビール2杯（1000円）で，あと4000円もあればおさまるな」と見当をつけておけば，後輩の話に耳を傾けながら安心して飲めるというものです。

コツ 17

焼き鳥や寿司など，こまめに注文する料理をごちそうするときは「焼き鳥屋カウント」で考えるとよい。

練習 2 焼き鳥屋カウント

回転寿司屋さんで後輩2人におごることにしました。1人10皿食べるとして，勘定はだいたいいくらぐらいになりそうでしょう。

あと，ビール1本600円を3人で分け，1人ずつ赤だし300円を注文しました。

練習 2 解答

レンジ・メディアンでもモードでも250円なので，1皿平均250円だと考えてよい。

250円 × 10皿 × 3人 = 7500円

これにビール600円と赤だし300円 × 3 = 900円を追加して，

7500円 + 600円 + 900円 = 9000円

だいたい9000円の予算と考えておけばだいじょうぶ。

割り勘算

一方，割り勘もよくあるシチュエーションです。前節と異なるのは，メンバーが自分の分を払うということです。幹事になったつもりでここは考えてみてください。

例題②　同僚7人で，仕事のあと，軽くお酒を飲みに行きました。精算をしたところ，全員で23500円でした。1人いくらずつ支払えばよいでしょう？

割り勘というと意外と面倒ですよね。そもそも人数の倍数になっていないためきれいに割り切れないうえに，きっちり割ろうとすると1円単位まで正確に計算をしないといけません。

お勘定（精算）を頼んだときに，もう少し大雑把な数字で出てくれば計算も楽なんでしょうが，最近は精算もすべてコンピュータ化されていて，10円，1円単位まで細かく値段が出てきます。

そんなわけで，ここでは効率的な割り勘方法＝「割り勘算」を伝授しましょう。

例題をご覧ください。23500円は7人で割り切れそうにありません。ここで，23500に近い7の倍数というと，21000を思い浮かべる人が多いと思います。これを使うのです。

21000円なら1人につき3000円でうまくいきます。でも，実際はそれよりも少し多いので1人3500円でどうでしょう？

1人3500円だと，3500円×7人＝24500円となり，1000円多く集まることになります。この1000円をどうするのかは，そのときの状況に応じて考えてください。例えば，

・2次会の足しにする。
・遅刻したりお酒を飲まなかったりしたメンバーにキャッシュバックする。
・もう少し細かく割り，できるかぎり正確に割り勘する。

などが考えられます。幹事さんの腕の見せどころです。

もう1題，割り勘算をやってみましょう。

例題③　先輩7人，後輩2人で合計40900円でした。先輩は後輩より多めに払うようにするには，どうすればいいでしょうか？

こういう場合のコツは，まず全員が同期だと仮定して，少し多めに徴収することです。

この場合なら同期9人で飲みに行ったと考えます。40900円に近い9の倍数でさっと思いつくのは45000円ですので，1人5000円ずつ集めます。

こうすると，45000円が集まるわけですが，40900円を支払うと，4100円が残ります。これを後輩2人に2000円ずつ還元するわけです。先輩5000円，後輩3000円。残った100円は幹事さんがもらっても誰も文句を言わないでしょう。いかがですか？

もちろん，お酒を飲む・飲まないなど，いろいろな状況が考えられます。だから割り勘の仕方に決まりがあるわけではありません。もし幹事になったら，そこは臨機応変に対処してみてください。

コツ 18

割り勘には「割り勘算」を使う。合計金額を人数で割り切れる金額に置き換えて計算することがポイント。残ったお金はうまく分配する。

練習 3 割り勘算

飲み会の幹事になったつもりで，次の割り勘算の練習をしてください。

各問とも制限時間10秒

(1)　11人で31980円

(2)　8人で43800円

(3)　先輩3人，後輩4人で23900円，先輩が少しだけ多めに払うには，どうすればいいでしょうか？

いくら？

練習 3 解答（以下の解答は一例です）

(1) 11人で31980円の場合，33000円と考えて1人3000円徴収。ただし1020円手元に残るので，幹事さん以外の全員に1人100円ずつキャッシュバックするか，2次会に回す。

(2) 8人で43800円の場合，48000円と考えて1人6000円徴収すると，4200円手元に残るので，1人500円ずつキャッシュバック，200円は幹事さんがもらう。

(3) 先輩3人，後輩4人で23900円，先輩が少しだけ多めに払う場合，28000円を同期7人で割り勘すると考えて1人4000円徴収。あまりの4100円を後輩4人に分けて，1人1000円ずつキャッシュバック。結局，先輩4000円，後輩3000円，100円は幹事さんがもらう。

ポイント還元

例 題 ④　大型量販店で見つけたとある商品の値札に「販売価格30800円，さらに13%ポイント還元！」と出ていました。

いったい，いくらぐらいお得なのでしょうか？

最近，大型量販店などに行くと「ポイント還元」という言葉をよく目にします。まずそのお店のカードを作り，そのカードにポイントをどんどんためていくことで，次回来店時に割引を受けられるシステムです。

「支払ったお金がポイントの形で還元される」という意味で「ポイント還元」という言葉が使われているようです。

ところが，そうしたお店で還元されるポイントが13%や18%などの数字だったらどうでしょうか。一見するとあまり計算しやすい数字ではありません。10%だと0を1つ取り去るだけでいいのですが，13%とか18%というのは少し計算しにくく，他のお店と値段を比較するにも，ちょっと面倒な気がします。

各商品の値札に書いてある「販売価格○○円，13%ポイント還元」「販売価格○○円，18%ポイント還元」などという情報から，即座にいくら割引になるのか計算できる方法があったら便利だろうな，と思っている方も多いのではないでしょうか？

この場合，1円単位まで計算する必要はないので，だいたいいくらぐらいの割引になるのかが計算できればいいわけです。

そこで簡単な方法があります。多少の誤差はありますが，ほぼ正確な値を計算することができます。それは，

13%は「$\frac{1}{8}$」，18%は「$\frac{1}{6}$」と置き換えて計算する

という手法です。

ただし，少し注意点があります。というのも，

$$\frac{1}{8} = 12.5\%$$

$$\frac{1}{6} \fallingdotseq 16.7\%$$

ですので，そのままこれらの置き換えで計算してしまうと，実際の割引額よりわずかですが，小さい値になってしまうのです。

そこで割り算をする前に，元の価格を少し高めに見積もる必要があります。せっかくですから，割り算しやすい額に見積もりましょう。

例題をご覧ください。「30800円の13%ポイント還元」でしたら，13%を$\frac{1}{8}$に置き換えて計算するのですが，30800は8で割りにくいので，思い切ってそれより少し値が大きめで8の倍数である32000円に置き換えます。すなわち，

$$30800\text{円の}13\% \xrightarrow[\text{置き換え}]{} 32000\text{円の}\frac{1}{8} = 4000\text{円}$$

とするのです。実際の割引額は30800円 × 0.13 = 4004円ですから，ほぼ正確な値だと言えるでしょう。

18%の計算をする場合，18%を$\frac{1}{6}$と置き換えると実際の数値とはやや開きがあるので，13%の計算をするときより，気持ち大きな額に見積もる必要があります。イメージ的には，すぐ近くの6の倍数にさらにおまけをつけるぐらいでちょうどうまくいく場合が多いようです。

例えば「59800円の18%ポイント還元」という場合に，6の倍数で計算がしやすいということで60000円としてしまうと，

$$59800\text{円の}18\% \xrightarrow[\text{置き換え}]{} 60000\text{円の}\frac{1}{6} = 10000\text{円}$$

となりますが，これは実際の割引額，59800円 × 0.18 = 10764円に比べて少し誤差が大きくなってしまいます。できるだけ誤差を小さくするためには，例えば59800円を，63000円とか66000円とか，意識して少し大きめの値に置き換えることです。

例えば63000円と考えて計算すると，

$$59800\text{円の}18\% \xrightarrow[\text{置き換え}]{} 63000\text{円の}\frac{1}{6} = 10500\text{円}$$

となり，10764円にほぼ等しい値となるのがおわかりいただけるのではないでしょうか。

他にも15%なら「$\frac{1}{7}$」，11%なら「$\frac{1}{9}$」などと計算する方法があります。臨機応変に使い分けてみてください。

コツ 19

元の価格を少し多めに見積もって，13%は「$\frac{1}{8}$」，18%は「$\frac{1}{6}$」と置き換えて計算する。

練習 4 ポイント還元

計算視力を使って，以下の値札から割引額を見積もる練習をしてください。

各問とも制限時間5秒

(1) 54200円の13%ポイント還元

(2) 115800円の13%ポイント還元

(3) 16800円の13%ポイント還元

(4) 69800円の13%ポイント還元

(5) 39800円の18%ポイント還元

(6) 88800円の18%ポイント還元

(7)　65800円の18％ポイント還元

(8)　250000円の18％ポイント還元

練習 4 解答

(1)　54200円の13% ≒ 56000円 × $\frac{1}{8}$ = 7000円
(実際の額は7046円)

(2)　115800円の13% ≒ 120000円 × $\frac{1}{8}$ = 15000円
(実際の額は15054円)

(3)　16800円の13% ≒ 18000円 × $\frac{1}{8}$ = 2250円
(実際の額は2184円)

(4)　69800円の13% ≒ 72000円 × $\frac{1}{8}$ = 9000円
(実際の額は9074円)

(5)　39800円の18% ≒ 42000円 × $\frac{1}{6}$ = 7000円
(実際の額は7164円)

(6)　88800円の18% ≒ 96000円 × $\frac{1}{6}$ = 16000円
(実際の額は15984円)

(7)　65800円の18% ≒ 72000円 × $\frac{1}{6}$ = 12000円
(実際の額は11844円)

(8)　250000円の18% ≒ 270000円 × $\frac{1}{6}$ = 45000円
(実際の額は45000円)

仕事や勉強，スポーツなどで結果を出す「ノルマ方式」

計算力の本なのに自己啓発本のように「結果を出す方法」なんて言われたらビックリしますよね。ここでは日々数字を管理しながら決められた目標を達成したいとしましょう。例えば「1週間で問題集を終わらせる」などのスケジュール管理は重要ですし，営業の状況を管理することは「損得」に直結しますよね。

ここでは，ノルマ方式を説明するため，一例として450問ある問題集を3ヵ月で仕上げたいとしましょう。ざっくり計算すると3ヵ月は90日ですので，1日あたりのノルマは

450問÷90日＝5問／日

となります。

そして，実際に解き始めるわけですが，仮に初日に6問解いたとします。ここで，

「今日は6問解いたな」

と考えるのではなく，

「今日はノルマより1問多く解いたな」

と考えるのがポイント。これがノルマ方式です。毎日解いていると，調子がいいときは6問，7問解けるときもありますが，逆に疲れて家に戻ったときなどは3問，4問しか解けないこともあります。これらもすべて「ノルマ」からのプラス・マイナス，すなわち「スコア」で考えるのです。そして毎日それを足し算して，積算スコアを常に確認しながら解いていきましょう。

例えば問題集を解き始めてから10日間に解いた問題数が次のようだったとします。

1日目… 6問
2日目… 6問
3日目… 6問
4日目… 6問
5日目… 4問
6日目… 6問
7日目… 6問
8日目… 3問
9日目… 5問
10日目… 6問

10日たった時点で合計何問解いたのか，さっと計算するのが面倒ですよね。これをノルマ方式で考えると，

	スコア	積算スコア
1日目… 6問	＋1問	＋1
2日目… 6問	＋1問	＋2
3日目… 6問	＋1問	＋3
4日目… 6問	＋1問	＋4
5日目… 4問	－1問	＋3
6日目… 6問	＋1問	＋4
7日目… 6問	＋1問	＋5
8日目… 3問	－2問	＋3
9日目… 5問	±0問	＋3
10日目… 6問	＋1問	＋4

というわけで，この時点でノルマよりも4問多く解いていることになります。

ノルマ方式で作業を続けていくときのメリットは次の通りです。

・積算スコアを常にプラスに保つことで，今自分が順調に問題集を解いていることがわかる。
・積算スコアの数字は小さいので覚えやすい。
・積算スコアに余裕があるときは，体調やスケジュールによって少し休むこともできる。

実は，このノルマ方式は先ほど紹介したブロック方式と同じ概念を使っているのです。

では，練習問題を解いてみましょう。

練習 5 ノルマ方式

ある営業所で，10日間の売り上げ目標を200000円に設定しました。この期間のAさんの営業成績は次のとおりでした。Aさんはノルマの売り上げを達成しているでしょうか？

1日目… 23800円
2日目… 19800円
3日目… 53000円
4日目… 3000円
5日目… 21000円
6日目… 13600円
7日目… 15000円
8日目… 4000円
9日目… 31300円
10日目… 29800円

練習 5 解答

この手の計算の場合はざっくり計算できればいいので，100の位は四捨五入してノルマ方式で考えます。1日あたりの基準を20000円と設定すると，

		スコア	積算スコア
1日目…	23800円	＋ 4000円	＋ 4000円
2日目…	19800円	± 0円	＋ 4000円
3日目…	53000円	＋33000円	＋37000円
4日目…	3000円	－17000円	＋20000円
5日目…	21000円	＋ 1000円	＋21000円
6日目…	13600円	－ 6000円	＋15000円
7日目…	15000円	－ 5000円	＋10000円
8日目…	4000円	－16000円	－ 6000円
9日目…	31300円	＋11000円	＋ 5000円
10日目…	29800円	＋10000円	＋15000円

10日終わった時点での積算スコアが＋15000円なので，目標金額を上回り，**達成している**ことになります。

第4章 先を読むための計算力

計算視力の場面別練習に挑戦しよう

どんな勉強でも，上達の秘訣は「使うこと」です。

例えばある外国語を習得しようとすれば，その言語をどんどん使うことで力は大幅にアップします。しかも，そこで身につけた語学力は他の知識——例えば歴史や政治，音楽や芸術——と有機的に結合されていきます。そういう個々の知識がいったん身についてしまうと，どんな切羽詰まった状況にでも対応できるようになるのです。

「計算視力」もそれと似ています。日常生活で使えば使うほど，その実力が格段にアップします。そして，状況によって計算視力を使い分ける力を身につけるため，いろいろなシチュエーションでの計算力，特にここでは「先を読むための計算力」を取り上げます。時々刻々と状況が動いていく日常生活で先を読むことは，計算視力がまさに本領を発揮する場面なのです。

ぜひ日常生活のさまざまな状況に余裕を持って対処できるように，本書でさまざまな計算視力の場面を想定して，練習してみましょう。

曜日問題１――日付から曜日を当てる

意外と頭が混乱する計算に「曜日」の問題があります。翌月の曜日でさえも，カレンダーを見ないと自信がない，という方も多いのではないでしょうか？

そこで，ちょっと頭の体操のつもりで，次の例題をやってみてください。

例題①　今日は４月６日の金曜日です。８月の最終金曜日は何日でしょう？　また12月５日は何曜日でしょう？

いかがですか？　来週とか今月の話なら暗算でも答えが出せるのに，この例題のように，数ヵ月先の話となると，おそらく暗算しようとする人はほとんどいないはずです。

でも，例題のような曜日問題を解くのにも，知っておくと便利な計算の仕方があるのです。それがこれから紹介する「あまり方式」です。この方式をマスターして，やっかいな曜日問題に決着をつけてしまいましょう。

はじめに各月が何日あるかを確認しておきます。

月	日数	7で割ったあまり
1月	31日	3
2月	28日 (29日)*	0 (1)* *うるう年
3月	31日	3
4月	30日	2
5月	31日	3
6月	30日	2
7月	31日	3
8月	31日	3
9月	30日	2
10月	31日	3
11月	30日	2
12月	31日	3

これを覚えるのにいくつか方法があるようですが，ここではよく知られている語呂合わせ「西向くサムライ」を紹介しておきます。これは2(に)月，4(し)月，6(む)月，9(く)月，11(サムライ)月がそれぞれ小の月（31日ではない月）だということを表しています（11月がなぜサムライかというと，漢字の十一を縦に書くと士(サムライ)の字になるからです）。

このことを覚えておいて，早速日付と曜日との関係を見ていきましょう。

曜日問題を解くポイントは「7で割ったあまり」を常に考えるということです。これを「あまり方式」と呼ぶことにします。曜日を考えるうえでは，1ヵ月の日数を7で割ったあまりが重要なのです。

例えばうるう年でない年は，2月は28日までしかありません。このときに，バレンタインデー（2月14日）とホワイトデー（3月14日）が同じ曜日になるということを経験的にご存じの方も多いのではないでしょうか。

この理由は，「28日」が7で割り切れることにあります。もしも，2月だけでなく，3月も4月も5月も28日であれば，各月きれいに4週間ずつ配置され，曜日がずれることはありません。例えば2月14日が月曜日なら，3月14日も，4月14日も，5月14日も，6月14日も月曜日なのです。

言い換えると，日付と曜日のずれというのは，1ヵ月に含まれる日数が7で割り切れないことから生じます。1ヵ月に含まれる日数を7で割ったあまりの分だけ，翌月の曜日がずれるのです。例えば3月14日が月曜日だとすると，3月は31日あるので，

31 ÷ 7 = 4あまり3

となり，3月31日から4月1日に月をまたいだ瞬間に，曜日は3つずれることになります。すなわち4月14日は月曜日から3つずれて，木曜日ということになります（月曜日→火曜日→水曜日→木曜日）。

「あまり方式」を使って，先の例題を考えてみましょう。

4月は30日，5月は31日，6月は30日，7月は31日あります。これらを7で割ったあまりはそれぞれ，4月が2，5月が3，6月が2，7月が3ですので，4月の曜日から8月の曜日まで合計10，7で割って3つずれることになります。

すなわち，4月6日が金曜日なら，8月6日は金曜日から3つずれて（指で数えてみてください）月曜日，ということになるのです。このことから，8月3日が金曜日であることがわかります。

8月3日が金曜日ということは，この年の8月は，日付を7で割ったあまりが3の日はすべて金曜日ということになります。もちろん7で割ったあまりが3となる31日も金曜日ということです。よって，31日がこの年の8月の最終金曜日だということになります。

わかりやすく書くとこういうことになります。

4月　あまり　2
5月　あまり　3
6月　あまり　2
7月　あまり　3

なので，8月6日は曜日が10ずれて月曜日。よって8月3日は金曜日。

ということは，日付を7で割ったあまりが3であれば金曜日なので，8月の最終金曜日は31日となるわけです。

また，12月5日ですが，もう一度4月から各月のあまりを足していくと，

4月　あまり　2
5月　あまり　3
6月　あまり　2
7月　あまり　3
8月　あまり　3
9月　あまり　2
10月　あまり　3
11月　あまり　2

あまりの合計は20，すなわち7で割ったあまりは6となります。4月6日が金曜日なら，金曜日から6つ進んで，12月6日は木曜日になるので，12月5日はその1つ手前の水曜日，ということになります。

このあまりの合計を頭の中だけでやろうとすると少し混乱するので，そのときは指を使って数えると簡単です。

こちらもわかりやすく書いてみましょう。

4月から11月までのあまりを足すと合計20なので7で割って，あまりは6。

12月6日は曜日が6つずれて木曜日。したがって，12月5日は1つ戻って水曜日，となるわけです。

こんなふうに「あまり方式」を用いて，少しずつ考えていくことで，曜日計算は意外と簡単な暗算で計算できるというわけです。

コツ 20

曜日計算は「あまり方式」を用いて考えるとよい。

練習 1 曜日計算

以下の日付・曜日を求めてください。

各問とも制限時間20秒

今日は6月23日（火曜日）です。

(1)　8月の最終金曜日は何日でしょう？

(2)　11月30日は何曜日でしょう？

(3)　翌年の2月3日は何曜日でしょう？

練習 1 解答

(1) 6月はあまり2，7月はあまり3なので，8月23日は曜日が5つずれて日曜日。

よって8月30日が日曜日。

2日前の8月28日が8月の最終金曜日。

(2)

		7で割ったあまり
6月	30日	2
7月	31日	3
8月	31日	3
9月	30日	2
10月	31日	3

あまりを合計すると13なので，11月23日は曜日が6つずれて月曜日。

よって11月30日は月曜日。

(3) 6月から翌年1月までのあまりを足すと21なので，あまりは0。したがって，翌年の2月23日はそのまま火曜日。7の倍数の21を引いても曜日は同じなので，2月2日も火曜日。

よって翌年の2月3日は水曜日。

曜日問題 2──来年の日付の曜日を当てる

例題をまず見てみましょう。

例題②　今年の４月６日は金曜日で，来年はうるう年です。来年の４月６日は何曜日でしょう？

日々生活を送っていると，翌年の同じ日付が何曜日かを知りたい状況にも結構出くわします。例えば自分の誕生日とか毎年同じ日に行っている同窓会やイベントなど，翌年の曜日が知りたい場面は意外と多いはずです。この際に，いちいちあまり方式でやっていると，結構面倒です。

実は，ちょうど1年後を考えるときには，さらに便利な法則があります。

うるう年でない場合　$365 \div 7 = 52$　あまり　1
うるう年の場合　$366 \div 7 = 52$　あまり　2

というわけで，ちょうど1年後を考えるときには，2月29日をまたがなければ曜日は1つだけずれ，2月29日をまたぐときは曜日は2つずれるのです。

今年の4月6日が金曜日で，来年がうるう年の場合，2月29日をまたぐので来年4月6日は曜日が2つずれます。ですから「日曜日」が答えとなります。どうです，簡単でしょう？

さらに前節の「あまり方式」を併用すると，例えばこんな計算も簡単にできます。

今年の6月3日は土曜日で，2年後がうるう年です。3年後の8月3日は何曜日でしょう？

3年後，ということは，年を3回またぎ，さらにそのうち1回はうるう年ということです。曜日は1＋2＋1＝4，すなわち4つずれます。3年後の6月3日は水曜日，というわけです。

つぎに，6月のあまり2と7月のあまり3を足して5，すなわち8月はさらに曜日が5つずれて，3年後の8月3日は月曜日，というわけです。

わかりやすく書くと，こうなります。

3年後までの年あまりを足すと合計4。

3年後の6月3日は曜日が4つずれて水曜日。

さらに8月は6月と7月のあまりを足して2＋3＝5だけ曜日がずれるので，3年後の8月3日は月曜日。

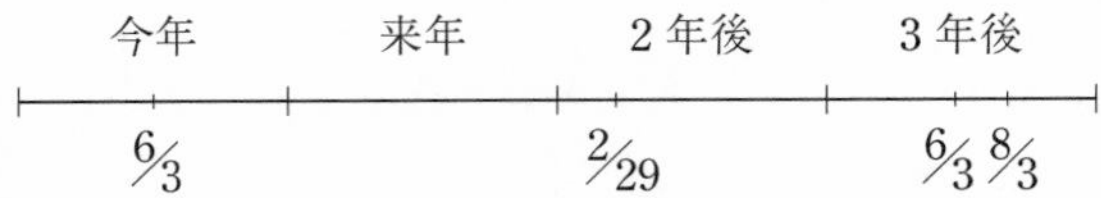

コツ 21

1年以上の曜日計算は，まず年ごとの曜日，さらに月ごとの曜日を「あまり方式」を使って少しずつ計算していくとよい。

練習 2 年をまたぐ曜日計算

以下の曜日を求めてください。

各問とも制限時間20秒

今日は3月3日（水曜日）で，来年はうるう年です。

(1)　来年の3月3日は何曜日でしょう？

(2)　4年後の3月3日は何曜日でしょう？

(3)　4年後の6月5日は何曜日でしょう？

練習 2 解答

(1)　来年の3月3日までに2月29日をまたぐので，曜日は2つずれる。

よって来年の3月3日は金曜日。

(2)　4年後までにうるう年1回と通常の年3回を経験するので，曜日は水曜日から2＋1＋1＋1＝5つずれる。

よって4年後の3月3日は月曜日。

(3)　(2) の続きで，3月はあまり3，4月はあまり2，5月はあまり3なので，3＋2＋3＝8より4年後の6月3日はその年の3月3日から曜日が1つずれて火曜日。

よって4年後の6月5日はさらに曜日が2つずれて木曜日。

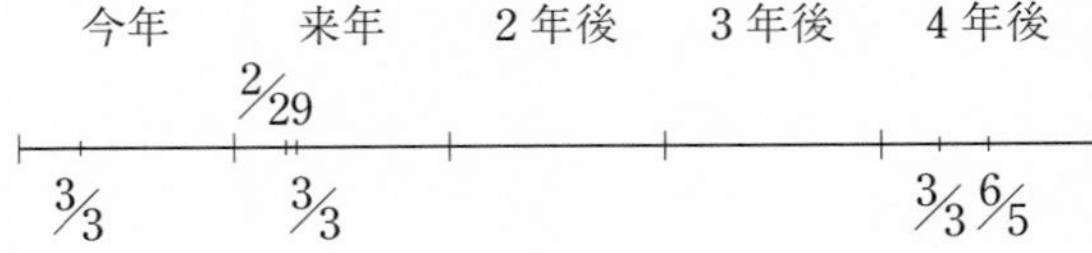

速度計算

一説によれば，小学校で算数を苦手な教科にさせる要因に3つの概念があって，それは「分数」，「比」，そして「時間」なのだそうです。

速度に関する計算というのは，時間の概念（60進法）が入ってくるためにどうも頭の中で具体的なイメージがわかないようです。しかも速度の問題を考えるとき比の概念も使わないといけないことが多いので，さらに苦手意識が強くなるのかもしれません。ここでは，そんなイヤなイメージを吹き飛ばす強力な計算方法をご紹介しましょう。

例題③　時速120kmで走る特急電車で，20km先の隣の街に移動します。およそ何分で到着するでしょう？

この問題のように，時速で速度を与えられていながら答えを分で答えるような場合，単位の変換が必要なため分数の計算は避けて通れません。こうなってくると，速度問題というのは算数が苦手な人にとっては「三重苦」とも言えます。

日常生活でも，速度は時速で与えられているのに，分単位で答えを求めたほうが便利なことは多々あります。例えば50kmの距離を時速120kmのノンストップの電車で走ると何分ぐらいかかり，高速道路で時速100kmなら何分かかり，一般道路で時速40kmなら何分かかる，というような計算がスラスラとできると，旅行をしたり，ドライブをしているときにとても役に立ちます。

ここでは「時速○○kmで△△kmの距離は何分かかる？」という問題に特化した，小学校では教えてくれない簡単な解き方を伝授しましょう。

ポイントは以下の事実を覚えておくことです。

「時速60kmでは1km進むのに1分かかる」

すなわち，時速60kmで37kmを進むなら37分，80kmを進むなら80分かかるというわけです。言い換えると距離を聞けば「時速60kmだったらこの距離は何分かかる」ということがすぐにわかるということです。

次に自分が進む時速を考えます。例えば時速120kmの電車に乗るのであれば，時速60kmに比べて速さは2倍ですから，かかる時間は半分です。これで答えが出てきました。

先ほどの例題なら，次のように考えます。

「20kmということは，時速60kmで20分かかる。よって，時速120kmならば，その半分の時間ですむので，答えは10分」

というわけです。

同じように時速100kmならば速度が$\frac{5}{3}$倍なので，かかる時間はその逆数の$\frac{3}{5}$倍，すなわち20分の$\frac{3}{5}$倍で12分，また時速40kmならば速度が$\frac{2}{3}$倍なので，時間はその逆数で$\frac{3}{2}$倍，すなわち20分の$\frac{3}{2}$倍の30分，ということになります。

ちなみに，どの交通機関にも信号などで停止する時間があるので，いつも最高速度で進めるわけではありませんが，だいたいの目安として以下のことを覚えておくと便利です。

私鉄(特急･急行など)，在来線の快速	時速 50 ～ 70 km	（距離がそのまま分）
自動車高速道	時速 80 ～ 100 km	（距離を分に変えて，若干それより少ない時間）
自動車一般道	時速 30 km	（距離のおよそ 2 倍）
自転車	時速 10 km	（1 km を約 6 分）
徒歩	時速 4 ～ 6 km	（1 km を約 10 ～ 15 分）

コツ 22

速度計算をするときは「時速60kmでは1km進むのに1分かかる」ことを使えばよい。

練習 3 速度計算

およその時間を暗算してみてください。

各問とも制限時間5秒

(1) 時速80kmで32kmを進むときにかかる時間は何分？

(2) 時速45kmで39kmを進むときにかかる時間は何分？

(3) 時速150kmで100kmを進むときにかかる時間は何分？

練習 3 解答

(1)　32kmの距離は時速60kmで32分かかるので，時速80kmならかかる時間は$\frac{60}{80}=\frac{3}{4}$倍の24分。

(2)　39kmの距離は時速60kmで39分かかるので，時速45kmならかかる時間は$\frac{60}{45}=\frac{4}{3}$倍の52分。

(3)　100kmの距離は時速60kmで100分かかるので，時速150kmならかかる時間は$\frac{60}{150}=\frac{2}{5}$倍の40分。

時間計算

顧客との打ち合わせのために資料を作成したり，海外に電話をしたりファックスを送ったりするときに，「あとどれくらい時間があるのか」とか，「いまニューヨークの現地時間は何時なのか」といった時間計算を，頭の中でしなければならない場合があります。ここではそんな計算がサッとできるコツを紹介しましょう。

まず，問題です。

例題④　現在午前9時55分です。海外出張中の上司に送信する書類を，今夜午前2時35分までに作成しなければなりません。果たして何時間何分の時間があるでしょうか？

われわれの生活は，1日24時間で区切られていますが，実際には午前から午後に変わる際にも数字が変わるので，暗算の世界では12時間ごとで日常をすごしていると考えておいたほうが便利な場合が多いのです（これを24時間で考えると，暗算が面倒になるからです）。

例えばこの例題の場合，

「午前9時55分から深夜12時まで何時間何分あるか？」

ではなく，

「午前9時55分から昼の12時まで何時間何分あるか？」

のほうが考えやすいということにお気づきでしょうか？

というのも午前9時55分から昼の12時までなら，頭の中で具体的な時間経過を思い出しながら数えることができるからです。この場合，

「あと5分で午前10時，1時間たつと午前11時，もう1時間たつと昼の12時，結局，あと2時間5分で昼の12時だな」
というふうに，毎日自分がすごしている一日の光景を思い浮かべながら，指で数えていけばいいわけです。

あとは，昼の12時から夜の12時までの12時間と，夜の12時から午前2時35分までの2時間35分を足せば答えが出てきます。

式で書くと，

	2時間	5分
	12時間	
+	2時間	35分
	16時間	40分

ということです。

このように時間計算は，12時間ごとに区切って計算すると，暗算でも計算できます。

もう1問，例題をやってみましょう。

例題⑤　**現在月曜日の夕方5時35分です。金曜日の朝8時30分までに何日と何時間何分あるでしょう？**

こんな面倒そうな問題も，一挙に片づけようとせずに落ち着いて考えれば，意外とすんなり答えが出ます。

まず「何日？」の部分ですが，火曜日，水曜日，木曜日の3日間はまるまるこの期間に含まれるので，3日は確定です。

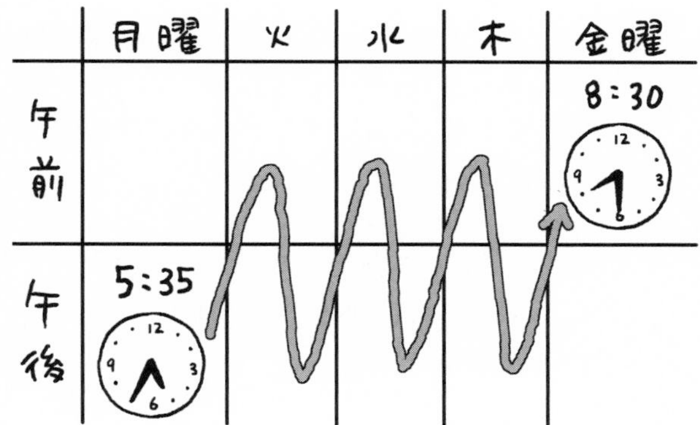

残りの時間を計算すると，まず月曜日はあと25分で夕方6時，それからあと6時間で夜中の12時になります。

また，金曜日はまるまる8時間30分ありますから，トータルすると，

		6時間	25分	（月曜日）
	3日			（火曜日～木曜日）
+		8時間	30分	（金曜日）
	3日	14時間	55分	

ということになります。

これなら暗算で時間計算ができそうな気がしませんか？

コツ 23

**時間計算は，12時間あるいは1日ごとに
時間を区切って計算する。**

練習 4 時間計算

次の時間計算を暗算してみてください。

各問とも制限時間15秒

(1) 現在午後2時35分です。翌日の朝7時30分までは何時間何分でしょう？

(2) 現在金曜日の午前9時30分です。月曜日の午後5時までは何日と何時間何分でしょう？

12
3
6
9

練習 4 解答

(1)　あと25分で午後3時，午後3時から夜の12時まで9時間，夜の12時から朝7時30分まで7時間30分，その合計で，

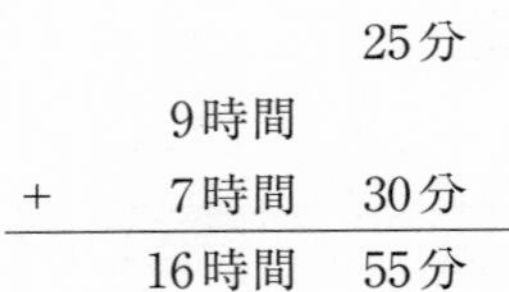

(2)　金曜日の昼12時まで2時間30分，昼12時から夜中12時まで12時間，土曜日・日曜日で2日間，月曜日は午前12時間と午後5時間，合計すると，

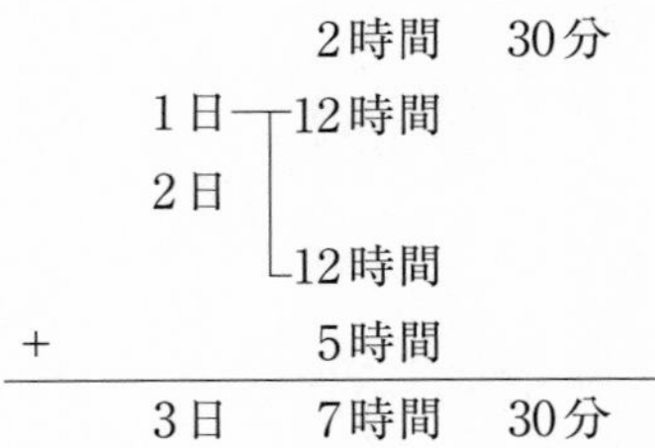

外貨換算レート

旅行などで海外へ行く予定がある方も多いのではないでしょうか。今は外貨を使って買い物するのは当たり前の時代です。さらに外貨預金，海外のサイトを通じての買い物など，国内でも外貨を扱う機会が多くなりました。

そこで外貨の扱いに慣れるために，外貨換算の簡単な計算方法についていっしょに考えてみましょう。

さっそく例題にチャレンジしてみてください。

注）ここに登場する外貨換算レートはすべて2023年の執筆時点のものです。最新のレートは必ずテレビや新聞，インターネットなどでご確認ください。

例題⑥　1香港ドル＝17.08円です。16香港ドルはおよそいくらでしょう？

通貨の交換レートというのは，政治・経済などもろもろの事情によって毎日変動するものですが，海外旅行に出かけて買い物をする際には，いちいちその日のレートを調べるなんてわけにはいきません。

そんなわけで，旅行に行く前にある程度の交換レートを覚えておくことになるわけですが，このときの覚え方しだいで，さっと計算できるかどうかが決まってしまいます。

例えば，いまこの原稿を書いている時点で1香港ドル＝17.08円なのですが，この値をそのまま覚えても，細かいレートは変動するし，計算もややこしいのであまり得策とは言えません。ではどうやって覚えるかというと，「1香港ドル＝20円より少し安いぐらい」と覚えると簡単です。

例えば「＄16」という値札があれば，

16×20＝320円なので，300円ぐらい？

という感じで，さっと計算できるわけです。

このときのポイントは，「日本円に換算するときに少し高めになるようにレートを設定する」こと。また，換算レートそのものより，1香港ドル＝20円というふうに，「簡単な換算式に変換して覚えておく」ことが大切です。

まず，「日本円に換算するときに少し高めになるようにレートを設定する」理由として，実際には外貨⇔日本円の両替手数料がかかることと，安いレートに設定すると実際より安いと勘違いしてたくさん買い物をしてしまうことがあげられます。日本円では少し高めに表示したほうが，無駄遣いの抑止効果もあって一石二鳥なのです。

もうひとつ，「簡単な換算式に変換して覚えておく」というのにも理由があります。例えば，1ドル＝120円なら，5ドル＝600円などというふうに把握しておけば，だいたいの値段を知りたいときや，大きな金額を計算するときに便利だからです。

細かい換算レートを使って細かい計算をするより，数字だけを見てぱっと判断しないといけない状況では，簡単な換算式に置き換えておくことは，大いに役立ちます。外国で効率よく行動するために重要な下準備だと言えるでしょう。

以上の点を考慮して，別の例題を見てみましょう。

例題⑦　この原稿を書いている現在，韓国ウォンの交換レートは，1ウォン≒0.11円です。どういうふうに考えればよいでしょう？

例えばこれを1ウォン≒0.1円と考えると，実際の値段より安い値段が出てきます。CDショップで12000ウォンのCDを見つけたとして，1ウォン≒0.1円として計算すると1200円ということになってしまいますが，実際の値段は1320円です。

それならば1ウォン≒0.12円と考えて，12000×0.12≒1440円としたほうが，少し高めに見積もっている分，無駄遣いが防げる可能性もあります。

また，計算式で覚えるという意味では「1ウォン≒0.12円」と覚えるよりも，例えば「ウォンの金額から0を1つ取って，2割増し」などと覚えておく方法がおすすめです。この場合なら，

12000ウォン
→　0を1つ取り除いて1200
→　2割の240を追加して1440円！

となります。ちょっと高尚かもしれませんが，慣れてくるとレートを覚えるより便利です。

最後にもう1つ例題をあげておきましょう。

例題⑧　この原稿を書いている現在，マレーシア・リンギットの交換レートは，1リンギット＝30.22円です。どういうふうに考えればよいでしょう？

先ほどと同じく，1リンギット≒30円と小さく見積もると，実際の値より少なめの金額が出てきて，差額が大きくなってしまいます。この場合，1リンギット≒$\frac{100}{3}$円，すなわち，3リンギット≒100円と見積もると計算がしやすくなります。買い物をしていて，150リンギットの値札を見つけたら，すぐに3で割って100をかける。すなわち，

150リンギット÷3×100≒5000円

と計算できます。

コツ 24

海外旅行の際の外貨換算レートは，少し高めになるようにざっくりと見積もり，前もって簡単な換算式を考えておくとよい。

練習 5　外貨換算レート

(1)　現在1ユーロ＝148.04円です。600ユーロのバッグは日本円でおよそいくらでしょう？　換算式もいっしょに考えてみてください。

(2)　現在1ポンド＝169.26円です。110ポンドのティーカップのセットは日本円でおよそいくらでしょう？　換算式もいっしょに考えてみてください。

練習 5 解答

(1)　1ユーロ＝148.04円なら，ざっくり1ユーロ≒150円と考えて，2ユーロ300円と変換する。すなわち，ユーロの値段を2で割って300をかけるとよい。この場合は，

$$600 \div 2 \times 300 = 90000 \text{円}$$

ざっくりこの値段で収まると考えてよい。

(2)　1ポンド＝169.26円なら，ざっくり1ポンド≒175円と考える。$175 = \frac{700}{4}$なので，ポンドの値段を700倍して4で割るとよい。この場合は，

$$110 \times 700 = 77000$$

4で割って，

$$77000 \div 4 = 19250 \text{円}$$

ざっくり20000円で収まると考えてよい。

「比率」の混ぜ合わせは「温度計方式」が大活躍

2つのものが混ざり合う事象は，世の中に数多く存在します。濃度の違う2つの食塩水を混ぜ合わせるとか，大きな学校と近隣の小さな学校が統合するとか，スケールは色々ですが，そうした「混ざり合い」をすることによってどんな変化があるのか，先読みできるといいですよね。

異なった比率のものどうしが混ざり合うと，結果としてどのような比率になるでしょう？　ここでは少し深く考えてみましょう。

例題⑨　9%の食塩水400gと16%の食塩水300gを混ぜ合わせると何%の食塩水ができるでしょう？　さっと暗算で答えてみてください。

おそらく「食塩水」問題というのは，多くの人が学生時代にたくさん解いたのではないでしょうか。中には「食塩水の問題は見たくもない！」なんて方もいらっしゃるかもしれませんね。

この手の問題は，中に溶けている食塩の量を求めて，混ぜ合わせたときの濃度を求めるという方法が一般的なのですが，その計算が面倒で，途中で憂うつになってしまうことも多いようです。計算間違いも起こりやすく，あまり気持ちのいいものではありません。

でもご安心ください。とてもいい方法があるのです。それは名づけて「温度計方式」といいます。

もし，この問題が

「9%の食塩水400gと16%の食塩水**300g**」

ではなく

「9%の食塩水400gと16%の食塩水**400g**」

だったらとても簡単な問題なのはわかりますか？　なぜなら400gどうしなので，イメージとしては“力関係”が五分五分となり，答えはちょうど真ん中。すなわち，

$$(9\% + 16\%) \div 2 = 12.5\%$$

となるのです。これを次のような温度計風の図で表すとこうなります。

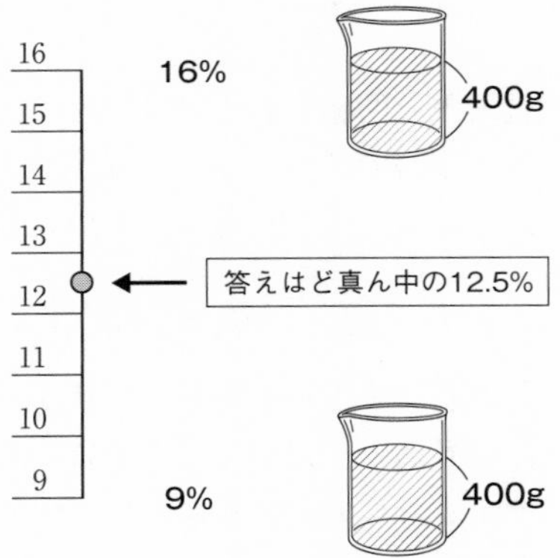

ところが実際の問題は「9%の食塩水400gと16%の食塩水300g」ですので，これを温度計で表すとどうなるでし

ょう？　きっと答えはど真ん中にはこないですね。

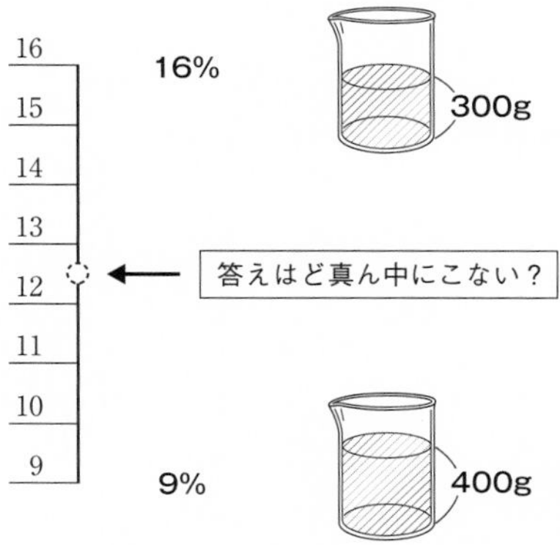

ここで2つの食塩水の量に注目すると，イメージとしては300gの食塩水より400gの食塩水のほうが，量が多い分，答えは先ほどのど真ん中よりも9%の側にずれそうですね。

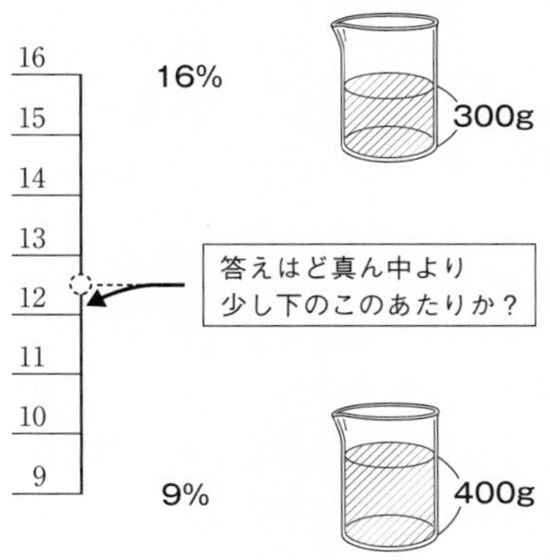

実はこの温度計で2つの食塩水の間を300g：400g，すなわち3：4に内分する場所が答えとなります。

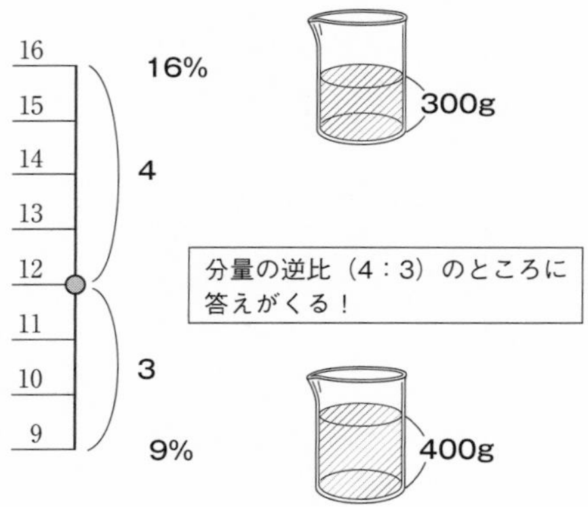

ここで，重さの比率と上の図の距離が逆になっていることにご注意ください。2つの異なる比率のものを混ぜ合わせるとき，このように比率が「逆比」になることがとても多いのです。

この問題の場合，9%と16%の差は7%ですので，それを3：4に内分して，答えは12%と，簡単に求めることができます。

このように2つの比率を温度計のように並べて，その間を逆比で内分するので「温度計方式」と呼んでいます。

実はこの方式は，私が小学校のときにお世話になったN先生から教えていただいたのですが，その後，中学生，高校生，大学生，社会人と大活躍しました。世の中にはなんと温度計方式で簡単に計算できるものが多いことか！

コツ 25

**２つの異なる比率のものを混ぜ合わせるときは
温度計方式が大活躍！**

練習 6　温度計方式

人口24000人で60歳以上が人口の28％を占めるＡ町と，人口84000人で60歳以上が人口の19％を占めるＢ町が合併すると，60歳以上は人口の何％を占めるでしょう？
さっと暗算で答えてみてください。

練習 6 解答

24000：84000 = 2：7なので，

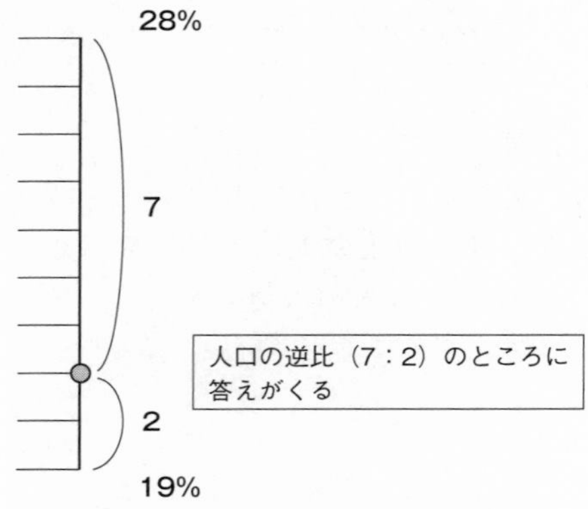

28%と19%の差は9%なので，それを2：7の逆比で分配して答えは21%。

第5章 計算間違いをなくす

計算間違いを防ぐために

本書の仕上げとして「検算」を取り上げます。

計算して出てきた答えが「合っているのか，間違っているのか」というのは非常に重要なトピックです。一生懸命計算して出してきた答えが間違っていたら，その計算をした努力はすべて水の泡となります。学校の試験にしても，あるいは現実社会でも，計算間違いをしたために「しまった！」と思った経験はありませんか？

例えば，数学の試験で問題を解いているときに「できた！」と思って答え合わせをしてみたら，最初のところから計算間違いをしていて，考え方は合っていたのに0点だったとか，あるいは「あと45分ある」と思ってゆっくり作業をしていたら，時間の計算を間違えて，実はあと35分しかなかったとか。計算間違いは，誰にだって一度や二度はあるものです（もし今思い出せなくても，きっと過去にはそういう経験をしていたはずです）。

計算間違いをしたとき，「まあ，たかが計算間違いなんだし，今度は間違えないようにしっかりしよう」と思うのは簡単ですが，実際それではあまり進歩がありません。そのままにしておけば，また同じような間違いを繰り返してしまうからです。

そこで，まず本書の読者のみなさんは次のことを脳裏に深く焼きつけてください。

「人は誰もが計算間違いをどこかでする」

完全な人間はいませんから，計算間違いは絶対防げるというわけではありません。ただし，計算間違いをする可能性をできるだけ少なくすることはできます。

また，「計算間違いをした答えを出すのなら，計算せずに答えを出さないほうがマシ」ということも言えるでしょう。例えばある問題で計算間違いをして0点だった場合，その問題に費やした時間がすべて無駄となってしまうのです。それなら別の問題にもっと時間を費やすべきだったはずです。計算をしたなら，まず間違いなく正しいという確証を持つべきです。

そしてもう一度書きますが，重要なのは，

「努力しだいで計算間違いは減らすことができる」

ということです。この章では，計算間違いをできるだけ少なくするための処方を，みなさんと一緒に考えていきたいと思います。

計算間違いの頻度を減らす

筆者は仕事柄，多くの答案を見てきましたし，今でも毎日のように高校生の計算風景を観察しているのですが，学生の中には「うん，この学生は大丈夫だな」と思える学生もいれば，一目見ただけで「きっと計算間違いをするな」と感じる学生もいます。ではどんな学生が計算間違いをしそうなのでしょうか？

以下に，計算間違いをしそうな学生の具体的なイメージを，いくつかあげていきます。

1．左手（右手）を使わない学生

意外と多いのが，姿勢が悪かったり，利き手でないほうの手（右利きの場合は左手，左利きの場合は右手）をまったく使わない学生です。

計算というのは，頭と体を同時に使った作業です。頭だけでなく，体の状態も大切なのです。特に筆算をしたり式の変形をしたりするときは頭・体の全神経を，鉛筆の先とその周辺，約5センチメートル四方に集中させる必要があります。

人間が何か細かい作業を行うとき，視線は必ず指先にあります。言い換えると，人間というのは本能的に指先に神経を集中するようにできているのです。

ですから，計算をする際にも，両手の指を計算中の鉛筆の近くに置いておく必要があります。鉛筆を持っているほうの手は当然として，もう一方の手が別のところにあると，集中力が散漫になるからです。

具体的に右利きの場合，左手の人差し指と親指の間ぐらいに，鉛筆の先が来ているように常に左手を添えている人は，計算に集中できている人です。逆にそうしない人は，計算間違いをする可能性が高いようです。

これはあくまで筆者の経験で書いていますが，左手をノートの上に置くことを実行させるだけで，計算力が格段に向上する学生が何人もいます。鉛筆を持っているほうの手だけでなく，反対側の手が大切なのです。

2．姿勢の悪い学生

そもそも人間の体というのは，悪い姿勢をずっと保っていると，必ず体のどこかが痛くなってきます。それでは長時間の計算に耐えることもできませんし，右利きの人が左手を使わないのと同様，なかなか問題に全神経を集中させることができません。

これから一生勉強や仕事を続けていくのなら，必ず正しい姿勢を心がけることが必要です。特にノートや計算用紙と目が近い人は，計算のところにばかり視線が集中し，問題全体を見渡すことができません。そのために，一目見ればわかるような計算間違いを放置してしまうことになります。

正しい姿勢で集中する癖を身につけるのが得策です。

3．行間を空けない（行間が狭い）学生

多くの人が大学ノートを使っていることと思います。例えば漢字やひらがな，アルファベットなどを書くのには大学ノートは非常に便利なものです。

ところが，計算をする際には，大学ノートの罫線の使い方を少し工夫する必要があります。例えば次の式を見てください。

$$120 \times \frac{17}{20} = 102$$

もしもこの式を罫線と罫線の間に入れ込もうとすると，どうしても$\frac{17}{20}$だけは，数字を小さく書く必要が出てきます。これは計算にとっては致命的です。というのも，120に比べて20とか17という情報の重要性が低いわけではないからです。この計算を正しく行うためには，すべての数が均等に処理される必要があるのです。

ところが行間を空けずに$\frac{17}{20}$を書くと，ノートの都合で小さくなってしまうために，どうしても見えにくくなってしまいます。そしてこの結果，計算間違いの確率がずっと高くなってしまうのです。

そこで算数や数学の問題を解くときは，必ずどの学生にも注意していることがあります。それは「行間を空ける」ことです。行間を空けることで，計算式中の数字や文字が見えやすくなるばかりでなく，先ほどの$\frac{17}{20}$のような分数を書く場合には，少し罫線からはみ出して，120などと同じ字の大きさで分数を表記することができるのです。

実は分数計算が苦手な学生を観察していると，たいてい式の行間が狭くて，特に分数の分母分子の字が小さくなってしまっています。分数が出てくるだけで自分のノートが汚くなり，それが「分数嫌い」につながっているのではないかと思ったりもします。

また，高校生になると，数式が複雑になってきます。特に積分記号（∫）や和の記号（Σ）の計算，累乗やベクトル，行列など，1行では収まらない式がどんどん登場してきます。積分の計算でさえも行間を空けずに罫線に収めて書く学生が，少なからずいます。これではどうしても重要な情報の字が小さくなってしまい，かえって計算間違いを誘発してしまいます。

そんなわけで，必ずノートは1行ごとに行間を空けて，ゆったりと使いましょう。

4．計算用紙に空白がない学生

時々いるのですが，空白が少しでもあれば，どんどん計算でそこを埋めていく学生がいます。

計算をしているのを観察していると，こっちの目がクラクラとなるぐらいに，空白が少なくてグチャグチャなのです。

先のノートの行間のエピソードにも言えることですが，紙をケチる学生は，たいてい実力が伸びません。その学生の頭の中も，きっとその計算用紙と同じようにグチャグチャになっていて，ちゃんと整理ができていないのだと思われます。その状態でいくら勉強をしても，実力が伸びるわけがないのです。

空白はノート上にも「頭の中」にも必要です。できるだけ空白を広めに取りながら，計算の練習を進めていきましょう。

5．字の判別がつきにくい学生

これも実はかなり致命的です。

つい最近も「b」を6と見間違えて，

$$bx + 4x = 10x$$

といった計算間違いを目撃しました。

意外なことですが，この間違いをした学生は，一見ノートは非常に美しく，計算間違いをしそうにないのです。実は字がきれいな人でも，こういう間違いをする人が多いのです。

なぜそうなるのか？　一言で言うと，見た目のきれいさを重視するあまり，例えばbを6と間違えないように筆記体で書くというのが美意識に反する，ということなのだと思います。逆にそういうこだわりがない人は，字は汚くても見やすくする工夫をしていることが多く，字の見間違いで計算間違いをしてしまう可能性はほとんどありません。ノートを美しく取ろうとするのは，計算間違いを増やす結果につながるおそれもあるのです。

そもそも計算というのは，かなり人間くさい作業です。汗水たらしてひとつの答えにたどり着くわけで，必死です。というより必死にならないと，正しい答えにたどり着きません。

数学のノートが汚いのは，むしろ当たり前であって，妙にきれい過ぎるノートに，計算間違いをしそうな雰囲気が感じ取られてしまうのは，そういうことなのです。

そんなわけで，少なくとも本書の読者のみなさんには，「美しいノート」ではなく，「文字の見間違いが少ないノート」を常に心がけていただきたいと思います。

コツとしては，

(1)「8」や「6」などの円形の部分は，できるだけ正しい○を作る。飛び出ている部分ははっきりと飛び出させる。

(2) 各数字を書くたびに，できるだけ「この字は別の字と見間違えないか？」とチェックしつつ数字を書く。

(3) 見間違えそうな文字は，前もって別の字体を選んで練習しておく。

などがあげられます。

次節では，具体的に計算間違いをしないための検算の方法を紹介します。

検算を行う

さて，計算間違いをできるだけ防ぐための対策として，もうひとつ大切なのが「検算」です。検算とは，自分で出した答えが，本当に正しいのか吟味する作業です。

次の式をご覧ください。この計算は正解ですか，それとも間違い？

$$43 + 352 + 31 + 3294 + 438 + 123 + 193 = 3903$$

この計算結果が本当に正しいのか，短い時間でどのように吟味したらよいでしょう。

この計算結果を検算するための手法として，ここでは「チェックサム」「まんじゅう数え上げ」「別の自分に計算させる」という3つの手法を紹介します。

A．チェックサム

チェックサムとは，実はコンピュータ間の通信などでよく用いられる手法です。

コンピュータのデータなどは，ほんの1ヵ所でも間違えたデータを送ってしまうと，全データがうまく動かないことがあります。そのため，少しでも間違いがあったら，その段階で検出しなければなりません。そのための手法がチェックサムです。

これを人間の計算に応用します。というと，難しそうですが，実はかなり原始的な作業です。一言で言うと，1の位だけ計算してみるのです。すなわち，

43 + 352 + 31 + 3294 + 438 + 123 + 193

の1の位だけ抜き出して計算してみると，

3 + 2 + 1 + 4 + 8 + 3 + 3 = 24

となります。この段階で3903となることはありえないことがわかります。すなわちこの答えは間違っているのです。

ほかにももっと簡単なチェックサムの手法として，偶数・奇数をチェックする手法もあります。足し算の場合，

奇数＋奇数＝偶数
奇数＋偶数＝奇数
偶数＋偶数＝偶数

という性質を用いると，

43 + 352 + 31 + 3294 + 438 + 123 + 193

の答えは，

奇数＋偶数＋奇数＋偶数＋偶数＋奇数＋奇数→偶数

となるはずです。すなわち，3903となることはありえないのです。

もう読者のみなさんの中にはお気づきの方も多いと思いますが，ここで気をつけなければならないことは，間違え

た答えを絶対に検出できるわけではないということです。すなわち，チェックサムにはいろいろな手法がありますが，簡単な手法であればあるほど，検出できない可能性も大きくなります。

あくまで「計算間違いを減らす」ための簡単なチェック手法です。その辺を誤解しないよう，注意が必要です。

B．まんじゅう数え上げ

これは細かい数字を大きく捉えることで，計算の結果がそこそこ合っているか，ざっくり計算する手法です。

$$43 + 352 + 31 + 3294 + 438 + 123 + 193$$

この場合，3294に比べて小さな43や31はあまり気にせず，ざっくりと大きな数だけ足してみます。

352を350，3294を3300，438を440，123と193を合わせて300ぐらいと考えて計算すると，

$$350 + 3300 + 440 + 300 = 4390$$

となり，3903という答えは，正しい答えに比べて小さすぎることがわかります。

このように「だいたいこれぐらいの値になるはずだな」と思いながら計算することは，非常に重要です。言い換えると，そのように予想を立てることができるかどうかが，計算間違いを減らす重要なポイントでもあるのです。

C．別の自分に計算させる

同じ計算を自分と別の人が行う場合，計算結果が同じ値なら，その計算が正しい確率はかなり高いといえます。ところが，現実問題として，別の人が自分の計算結果を検算してくれる状況というのはまれだと考えてよいでしょう。

そこで，別の自分に計算させる，という手が考えられます。すなわち「未来の自分」に検算を頼むのです。

もしも時間に余裕があるのなら，少し時間がたってから，再び同じ計算を最初からやり直してみます（もちろんその際には，先の計算結果や途中経過を見てはいけません）。それで，まったく同じ答えになれば，その計算結果は正しい可能性が高いといえます。

もし違う答えが出てくれば，可能性は3つあります。

(1) 最初の計算が間違っていて，2回目の計算は正しい。
(2) 2回目の計算が間違っていて，最初の計算は正しい。
(3) 最初の計算も2回目の計算も間違っている。

このときには，まず2回目の計算の途中経過を1回目と見比べて，どこで計算結果が違ってきているかをチェックします。そしてその部分だけ慎重に検討して，上記3つの可能性のうち，どれに相当するのかよく考えます。

『アポロ13』という映画をご存じでしょうか？　少し前の作品ですが，アポロ13号という，月着陸の任務を背負った有人宇宙船が，月着陸直前に爆発事故を起こし，どうにかして宇宙船を地球に無事帰還させるという，実話に基づいた映画です。

その映画の要となる印象的なシーンがありました。限られた時間内に，複雑な計算を行わないと大惨事が避けられない，というシーンです。このとき，計算尺と筆算だけでNASAの技術者がみんなで力を合わせて計算をするのです。

こんな状況では，計算間違いが大惨事につながるわけですから，絶対に計算間違いを防がなければなりません。そこで，NASAで採られた手法は，3つの別々のグループが同時に同じ計算を行い，出てきた答えが一致すればOK，というものです。

映画では3つのグループが計算を別々に行い，答えを同時に出し合って，検算する場面が感動的に描かれています。

このように，検算は非常に重要です。この章の最初でも書いた「人は誰もが計算間違いをどこかでする」が「努力しだいで計算間違いは減らすことができる」ことをまさに実践するための行為が「検算」なのです。

さて，話が長くなりましたが，いずれにしても検算は意外と時間がかかるものです。しかし，間違った答えを出すよりは，少し時間をかけてでも正しい答えを出すべき状況が多々あります。ぜひ検算上手になって，「努力しだいで計算間違いは減らすことができる」を実現していただければ，と思います。

余分な計算をしない

そもそも計算をする必要がない計算をしている場合があります。例えば,

$$200 \div 45 \times 90$$

という計算をするとき，$200 \div 45$の計算をする必要はありません。というのも，計算視力を働かせれば，後から90をかけるので，この式の「$\div 45 \times 90$」という部分は「$\times 2$」と同じということがわかるはずです。$200 \div 45$の計算をしなくても，最終的な$200 \times 2 = 400$という答えはすぐに出てくるのです。

このように「少し考えれば余分な計算を避けることができる」ケースは結構あります。特にかけ算や割り算の場合には，順番を入れ替えたり約分をしたりすることで，余分な計算をそぎ落とすことができます。普段から「余分な計算をしない」癖を身につけてほしいと思います。

おわりに

今から20年ほど前の2003年，当時は近鉄奈良線の学園前駅で学習塾を運営していたのですが，そこに集っていた学生さんを指導しながら，私は「計算の本を書きたいな」とずっと思っていました。

例えば中学生向けの化学の計算などは，簡単に計算ができるように，ちょうど割り切れる数値を使って問題を出してくれていることが多いのですが，そこに気づかず余計な計算をしてしまう学生が結構多いのです。進学校の学生さんでさえも，そういう生徒が目立ちました。一言でいうと「先読み」ができていないわけです。そんなみなさんの「計算力を強くする」本が書きたい，というのがこの『計算力を強くする』シリーズの始まりです（当時の編集担当だった小澤久氏には大変ご尽力いただき，感謝しています）。

本書でも書きましたが，例えばかけ算や足し算は，どこからやっても答えが同じになります。それなら，「難しい足し算を避け，より簡単な順番で解くべきでしょ？」と言いたいわけです。それが「先読み」です。

そのころの計算の本というと，ほとんどがドリルのような問題集か，当時のブルーバックスも含め「計算術」に特化した本でした。本書も一見「計算術」の本のように思えるかもしれませんが，私が書きたかったのは「計算術」ではなく，色々な角度から計算を眺めた，まさに「計算力を強くする」ためのバイブル的な本であり，計算をするまでに「先読み」をするということがテーマの本なのです。

2005年の春から夏にかけて執筆をし，2005年の夏に刊行されたブルーバックス『計算力を強くする』は，そんな思いで出版されました。その気持ちが通じたのか，計算がちょっとしたブームになり，続編を含め，たくさんの計算本を執筆しました。今となっては少し懐かしい思いです。

ですが，それと同時に少し寂しい思いもあるのです。元々先読みができない学生のみなさんのために「計算力を強くする」という一心で書いたはずだったのですが，最近の計算本はそういう部分が薄れてきて，かつて以上に，計算術にスポットを当てすぎているのではないかと。計算術も面白いのですが，大切なことは計算の先読み力を「強くする」ことであり，そういう原点に戻った本をもう一度書くべきなのかなと思ったりしていました。

そんな矢先に講談社ブルーバックスの篠木和久氏と今回ご編集いただいた出口拓実氏から，本書のリニューアルのご提案をいただき，早速加筆作業を始めた次第です。特に出口氏には，既刊の2冊と新しい加筆内容を再構成するという大変な難工事をお願いすることとなり，本当に感謝しております。また本書の刊行に際し，ご尽力いただいた多くのみなさまに感謝します。

最後になりましたが，読者のみなさまが「計算力を強くする」ために，ほんの少しでも本書がお役に立てたらと，願うばかりです。

N.D.C.411.1　221p　18cm

ブルーバックス　B-2237

計算力を強くする　完全版
視点を変えれば、解き方が「見える」

2023年7月20日　第1刷発行
2023年9月7日　第2刷発行

著者　鍵本　聡
発行者　髙橋明男
発行所　株式会社講談社
〒112-8001　東京都文京区音羽2-12-21
電話　出版　03-5395-3524
販売　03-5395-4415
業務　03-5395-3615
印刷所　（本文印刷）株式会社新藤慶昌堂
（カバー表紙印刷）信毎書籍印刷株式会社
製本所　株式会社国宝社

定価はカバーに表示してあります。

ISBN978－4－06－532583－4

発刊のことば

科学をあなたのポケットに

二十世紀最大の特色は、それが科学時代であるということです。科学は日に日に進歩を続け、止まるところを知りません。ひと昔前の夢物語もどんどん現実化しており、今やわれわれの生活のすべてが、科学によってゆり動かされているといっても過言ではないでしょう。

そのような背景を考えれば、学者や学生はもちろん、産業人も、セールスマンも、ジャーナリストも、家庭の主婦も、みんなが科学を知らなければ、時代の流れに逆らうことになるでしょう。

ブルーバックス発刊の意義と必然性はそこにあります。このシリーズは、読む人に科学的に物を考える習慣と、科学的に物を見る目を養っていただくことを最大の目標にしています。そのためには、単に原理や法則の解説に終始するのではなくて、政治や経済など、社会科学や人文科学にも関連させて、広い視野から問題を追究していきます。科学はむずかしいという先入観を改める表現と構成、それも類書にないブルーバックスの特色であると信じます。

一九六三年九月　野間省一